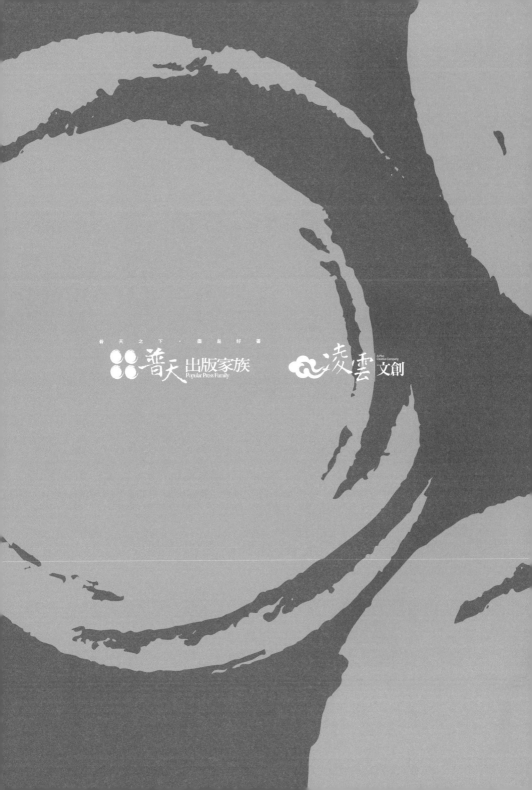

Thick Black Theory is a philosophical treatise written by Li Zongwu, a disgruntled politician and scholar born at the end of Qing dynasty. It was published in China in 1911, the year of the Xinhai revolution, when the Qing dynasty was overthrown.

The Art of War

孫子兵法

活用兵法智慧，才能為自己創造更多機會

完全使用手冊

不動如山

《孫子兵法》強調：

「古之所謂善戰者，勝於易勝者也；故善戰者之勝也，無智名，無勇功。」

確實如此，善於作戰的人，總是能夠運用計謀，
抓住敵人的弱點發動攻勢，用不著大費周章就可輕而易舉取勝。
活在競爭激烈的現實社會，唯有靈活運用智慧，
才能為自己創造更多機會，想在各種戰場上克敵制勝，
《孫子兵法》絕對是你必須熟讀的人生智慧寶典。

聰明人必須根據不同的情勢，採取相應的對戰謀略，
不管伸縮、進退，都應該進行客觀的評估，如此才能獲得勝利。
千萬不要錯估形勢，讓自己一敗塗地。

Thick Black Theory is a philosophical treatise written by Li Zongwu, a disgruntled politician and scholar born at the end of Qing dynasty. It was published in China in 1911, the year of the Xinhai revolution, when the Qing dynasty was overthrown.

左逢源 編著

【出版序】

兵學聖典《孫子兵法》

兵學家們學習《孫子兵法》，得以步入軍事學的寶庫；軍事家們學習它，得以領悟制勝之術，政治家們學習它，得以點燃起智慧的聖光。

誕生於二五〇〇年前的不朽名著《孫子兵法》，是中國古代兵學的傑出代表。深邃閎廓的軍事哲理思想、體大思精的軍事理論體系，以及歷代雄傑賢俊對其研究的豐碩成果，對後世產生了極其深遠的影響，被尊爲「兵學聖典」、「百世兵家之師」。時至今日，《孫子兵法》的影響力早已跨越時空，超出國界，在全世界廣爲流傳，榮膺「世界古代第一兵書」的雅譽。

《孫子兵法》的問世，標誌著獨立的軍事理論著作從此誕生，比色諾芬（西元前四〇三年～西元前三五五年）的號稱古希臘第一部軍事理論專著《長征記》要早一百多年。至於古羅馬軍事理論家弗龍廷（約三五年～一〇三年）的《謀略例說》、韋格蒂烏斯（四世紀末）的《軍事簡述》，更是遠在其後。

《孫子兵法》不但成書時間早，而且在軍事理論十分成熟、完備，幾乎涉及了軍事科學的各個門類，以從戰略理論的高度論述戰爭問題而著稱，是一部涵蓋戰爭發展規律的傑作。書中充滿著對睿智聰穎的讚揚，飽含了對昏聵愚昧的鞭撻，顯露出對窮兵黷武的警告，貫穿著對軍事哲理的探索，充分展現了「一代兵聖」孫武的遠見卓識和創造天賦。

該書中許多名言、警句揭示了戰爭的藝術規律，有著極其豐富的思想內涵。歷史上許多軍事家、著名統帥、政治家和思想家都曾得益於這部曠世奇書。兵學家們學習《孫子兵法》，得以步入軍事學的寶庫；軍事家們學習它，得以領悟制勝之術，政治家們學習它，得以點燃起智慧的聖光。直到今天，《孫子兵法》的許多精髓依然閃耀著眞理的光芒。

《孫子兵法》作爲中國古代兵書的集大成之作，是對中國古代軍事智慧的高度總結，具有承先啓後的重大意義。此後兩千多年裡，凡兵學家研究軍事問題，軍事家指揮軍隊作戰，莫不以《孫子兵法》爲圭臬。

自《孫子兵法》誕生以後，兵學立刻成了一門「顯學」，與儒、道、法、墨諸家並駕齊驅。戰國時期，群雄割據，戰爭頻繁，談兵論戰的人很多，大都是從《孫子兵法》中尋找依據。

《韓非子．五蠹》說：「境內皆言兵，藏孫、吳之書者家有之。」

《呂氏春秋．上德》中也說：「闔閭之教，孫、吳之兵，不能當矣。」

「孫」即孫子，「吳」是吳起，兩人都是傑出的軍事理論家和將領，後來齊國的著名軍事家孫臏更是繼承和發展《孫子兵法》的典範。孫臏是孫子的四世孫，不但在實際指揮作戰中功勳卓著，成爲一代名將，而且在軍事理論上也有突出的建樹，著有《孫臏兵法》。

《孫臏兵法》和《孫子兵法》在體系和風格上一脈相承，互相輝映。由此可見，《孫子兵法》成書不久就已經廣爲人知。而且對《孫子兵法》的運用，已經超出軍事範圍，應用於政治、經濟等方面了。

中國歷代軍事著作中引用《孫子兵法》文句的兵書不可勝數，如戰國時期的《吳子》、《尉繚子》，漢代的《淮南子》、《潛夫論》，唐代的《李衛公問對》，宋代的《虎鈐經》，元代的《百戰奇法》，明代的《登壇必究》、《紀效新書》，清代的《曾胡治兵語錄》……等等。

軍事家直接援用《孫子兵法》指導戰爭的，更是不勝枚舉。

秦朝末年，項梁曾以《孫子兵法》教過項羽，陳餘則引用「十則圍之，倍則戰之」的戰術。

漢代名將韓信自稱本身兵法出於孫子，並且運用「陷之死地而後生，置之亡地而後存」的理論指揮作戰。黥布曾認爲「諸侯戰其地爲散地」，語出《孫子兵法》。漢武帝也曾打算以《孫子兵法》教霍去病。東漢名將馮異、班超等人對孫子兵書也很精通。

三國時期，蜀相諸葛亮認爲：「戰非孫武之謀，無以出其計遠」。意思是說，孫子十三篇所講的謀略都是高瞻遠矚，從戰爭全局出發的。

魏武帝曹操也是一位雄才大略的軍事家，對歷代兵書深有研究。他對《孫子兵法》備極推崇，曾經讚譽道：「吾觀兵書戰策多矣，孫武所著深矣……審計重舉，明畫深圖，不可相誣！」

意思是說，他讀過許多軍事著作，其中《孫子兵法》最爲精深奧妙，書中詳審的計謀、愼戰的思想、明智的策略、深遠的考慮，都是不容誤解的。曹操不但在實踐中運用《孫子兵法》克敵制勝，而且十分重視對這部「曠世兵典」的整理研究，成爲中國歷史上第一個注釋《孫子兵法》的軍事家。

唐太宗深通兵法，跟名將李靖的軍略問對中，處處提到孫子，對「凡戰者，以正合，以奇勝」這個戰略思想尤其欣賞，並且推崇孫子「不戰而屈人之兵」的思想，是「至精至微，聰明睿智，神武不殺」的最高軍事原則。

宋代仁宗、神宗年間，因抵禦邊患的需要，朝廷設立了「武學」（軍校）以培養將才，編訂了以《孫子兵法》爲首的七部兵書（即《武經七書》）作爲必讀教材。從此，《孫子兵法》正式成爲官方軍事理論的經典，沿至明清而不衰。

宋代學者鄭厚曾認爲：「孫子十三篇，不惟武人之根本，文士亦當盡心焉。其詞約而縟，易而深，暢而可用，《論語》、《易》、《大》（《大學》）、《傳》

（《左傳》）之流，孟、荀、揚諸書皆不及也」，把《孫子兵法》推到高於儒家經典的地位。

明朝抗倭名將戚繼光對《孫子兵法》闡述的軍事思想也十分欽服，曾說道：「予承乏浙東，乃知孫武之法，綱領精微，爲莫加焉……猶禪家所謂上乘之教也。」著名學者李贄對《孫子兵法》和孫武其人更是佩服得五體投地，認爲「孫子所以爲至聖至神，天下萬世無以復加者也」。

到了近代，《孫子兵法》的聲譽更隆、影響更大。孫文曾說：「就中國歷史來考究，二千多年的兵書，有十三篇（即《孫子兵法》），那十三篇兵書，便成立了中國的軍事哲學。」將這部兵書看作中國軍事理論的奠基之作。

現代許多軍事家不但在軍事著作中多次提到《孫子兵法》，而且巧妙運用於戰爭之中。可以這麼說，《孫子兵法》中的戰爭思想和運用，構成了現代軍事的重要來源。

活用兵法智慧，創造更多贏的機會

《孫子兵法》深獲各界人士推崇，在現代經濟生活中同樣大有用武之地，只要不斷深入研究和靈活運用，必將給我們帶來無窮之益。

《孫子兵法》最早傳入日本，其次傳入朝鮮，至於傳佈到西方，則是十八世紀以後的事。

西元八世紀《孫子兵法》傳入日本，不但構成了日本軍事思想的主體結構，而且對日本的歷史和精神產生了深遠影響。日本各界一向推崇《孫子兵法》，極其重視對這部不朽之作的研究，探討領域之廣，流派之多，著述之精，遠非其他國家所可比擬。

在日本，孫子被尊爲「兵家之祖」、「兵聖」、「東方兵學的鼻祖」、「偉大的戰略哲學家」，甚至跟孔子相提並論，認爲：「孔夫子者，儒聖也；孫夫子者，兵聖也……後世儒者不能外於孔夫子而他求，兵家不得背於孫夫子而別進矣。是以文武並立，而天地之道始全焉。可謂二聖之功，極大極盛矣！」

《孫子兵法》也被推崇爲「兵學聖典」、「韜略之神髓，武經之冠冕」、「萬古不易之名著」、「科學的戰爭理論書」……等等，認爲該書閎廓深遠、詭譎奧深、窮幽極渺，「舉凡國家經綸之要旨，勝敗之秘機，人事之成敗，盡在其中矣」，是「兵之要樞」，「居世界兵書之王位」。

《孫子兵法》在日本軍事界影響的全盛期是十六世紀，即日本歷史上的戰國時期。當時日本湧現出一批著名的軍事將領，如織田信長、豐臣秀吉、德川家康和武田信玄等。他們的共同特點是精通軍事經典，對《孫子兵法》的運用得心應手。武田信玄更號稱日本的「孫子」，酷愛《孫子兵法》中的名句「其疾如風，其徐如林，侵掠如火，不動如山」，把「風林火山」四字寫在軍旗上鼓舞士氣，號令三軍。

明治維新以後，日本軍界依然把《孫子》奉爲圭臬，認爲古代大師的學說仍可指導現代戰爭。如在二十世紀初的日俄戰爭中，日本聯合艦隊司令東鄉平八郎元帥和陸軍大將乃木希典都深諳《孫子兵法》。對馬海戰中，日軍全殲俄國遠征艦隊，其陣法正出自《孫子》，東鄉平八郎在論及獲勝原因時歸結爲運用了「以逸待勞，以飽待饑」的原則。

日軍偷襲珍珠港更是《孫子兵法》中「出其不意，攻其不備」的巧妙運用，是現代戰爭史上戰略突襲的典型。只不過，日軍既不「愼戰」又未「先知」，對美國的潛力估計不足，犯了根本性的錯誤，導致在太平洋戰爭中失敗。

日本的情報工作在世界上首屈一指，不僅在戰爭中發揮了巨大的效用，而且在各行各業中也產生了很大的影響。日本人的這種特點，追根溯源，與中國的《孫子兵法》有密切的關係。

著名的英國作家理查·迪肯在其所著《日諜秘史》一書中明確指出：「日本人搜集情報的靈感是受中國戰略家孫子的影響。」

除日本以外，《孫子兵法》在西方世界的流傳也很廣泛，並且極受推崇。

據說，拿破崙在戎馬倥傯的戰陣中，仍手不釋卷地翻閱《孫子兵法》。德國偉大的軍事學家、《戰爭論》的作者克勞塞維茨也受到這部中國古代兵典的影響。德國皇帝威廉二世在第一次世界大戰失敗後，讀到《孫子兵法．火攻篇》中關於「主不可因怒而興師，將不可以慍而致戰」的論述時，不禁歎息：「可惜二十多年前沒有看到這本書。」

第二次世界大戰以後，儘管導彈、核武等尖端武器進入軍事領域，生產力和科技的發展日新月異，戰爭條件也不斷變化更新，但國際上對《孫子兵法》的研究和應用熱潮絲毫未減，並且有了嶄新的進展。

前蘇聯的一位著名軍事理論家曾斷言：「認眞研究中國古代軍事理論家孫子的著作，無疑大有益處。」

英國名將蒙哥馬利元帥在訪華時曾對毛澤東說：「世界上所有的軍事學院都應把《孫子兵法》列爲必修課程。」

美軍新版《作戰綱要》更開宗明義地引用孫子「攻其無備，出其不意」這句名言作爲作戰的指導思想。

重視孫子的戰略思想，是二戰後西方政治家、軍事家和戰略家們研究和應用《孫子兵法》的新特點。在這個時期，軍事戰略和政治、經濟、外交以及社會等因素的結合日益緊密。尤其是在大規模殺傷性核武器出現後，即便是超級大國也不敢貿然發動大規模戰爭，所以必須建立全新的戰略體系。而《孫子兵法》的精華正好包含了豐富的戰略思想，爲這個時代提供了許多有益的啓示。

英國著名戰略家利德爾．哈特在《戰略論》中大量援引了孫子的語錄。他認爲：「最完美的戰略，就是那種不必經過激烈戰鬥而能達到目的的戰略，所謂不戰而屈人之兵，善之善者也」，「在導致人類自相殘殺、滅絕人性的核武器研製成功以後，更需要重新且完整地研讀《孫子》這本書」。

美國國防大學戰略研究所所長約翰．柯林斯稱讚孫子是古代第一個形成戰略思想的偉大人物。他在《大戰略》一書中指出：「對戰略的相互關係、應考慮的問題和所受的限制，至今仍沒人比他有更深刻的認識，他的大部分觀點在我們的當前環境中仍然具有重大的意義。」

美國著名的「智庫」史丹福研究所的戰略專家福斯特和日本京都產業大學三好

修教授根據《孫子兵法．謀攻篇》中的思想，提出了改善美蘇均勢的新戰略，並稱之為「孫子的核戰略」，對世界戰略的調整產生了很大的影響。

此外，不少西方政治家也都在各自的著作中運用孫子的理論，闡述對當今時代國際戰略的見解。

在現代戰爭和軍事行動中，《孫子兵法》同樣被廣泛運用。如在越南戰爭中，美軍司令威斯特摩蘭曾引用孫子「夫兵久而對國有利者，未之有也」的名言，力主結束這場曠日持久、陷美軍於泥潭的戰爭。

又如第三次印巴戰爭中，印度軍隊遵循孫子「軍有所不擊，城有所不攻，地有所不爭」的理論，繞過堅城，迂迴包抄，直指達卡，迅速擊潰巴基斯坦軍隊，取得了這場戰爭的勝利。《印度軍史》則援用《孫子兵法》的觀點總結南亞次大陸的戰爭經驗，這是絕無僅有的。

進入二十一世紀，世界各地的「孫子熱」日趨高漲。《孫子兵法》不但受到軍界和戰略家們的重視，而且深獲其他各界人士推崇。對《孫子兵法》的研究和運用，已經擴展到政治、外交、經濟、體育等領域，其中以在商戰和企業管理中的應用最引人注目。

日本的企業家們率先把《孫子兵法》運用於企業競爭和經營管理，取得了很大的成效，形成了「兵法經營管理學派」。

《孫子兵法》中的「五事」，也常常被概括爲企業經營的五大要素：「道」是經營目標，「天」是機會，「地」是市場，「將」是人才，「法」是企業規章和組織編制。「五事」並重、統籌管理、靈活經營，必然使得企業成爲激烈競爭中的常勝軍。

由此可見，《孫子兵法》在現代經濟生活中同樣大有用武之地，只要不斷深入研究和靈活運用，必將給我們帶來無窮之益。

【九地篇】

01. 圍地則謀，死地則戰

04. 深入敵後

02. 裡應外合，擊敗敵手

03. 以火佐攻者明

01.【用間篇】

必取於人知敵之情

02.

用間之道

03. 以上智為間必成大功

【九地篇】

【原文】

孫子曰：用兵之法，有散地，有輕地，有爭地，有交地，有衢地，有重地，有圮地，有圍地，有死地。

諸侯自戰其地，為散地。入人之地而不深者，為輕地。我得則利，彼得亦利者，為爭地。我可以往，彼可以來者，為交地。諸侯之地三屬，先至而得天下之眾者，為衢地。入人之地深，背城邑多者，為重地。行山林、險阻、沮澤，凡難行之道者，為圮地。所由入者隘，所從歸者迂，彼寡可以擊吾之眾者，為圍地。疾戰則存，不疾戰則者亡者，為死地。是故散地則無戰，輕地則無止，爭地則無攻，交地則無絕，衢地則合交，重地則掠，圮地則行，圍地則謀，死地則戰。

所謂古之善用兵者，能使敵人前後不相及，眾寡不相恃，貴賤不相救，上下不相收，卒離而不集，兵合而不齊。合於利而動，不合於利而止。敢問：「敵眾整而將來，待之若何？」曰：「先奪其所愛，則聽矣。」兵之情主速，乘人之不及，由不虞之道，攻其所不戒也。

凡為客之道，深入則專，主人不克；掠於饒野，三軍足食；謹養而勿勞，並氣積力；運兵計謀，為不可測。投之無所往，死且不北。死焉不得，士人盡力。兵士甚陷則不懼，無所往則固，深入則拘，不得已則鬥。是故其兵不修而戒，不求而得，不約而親，不令而信。禁祥去疑，至死無所之。吾士無餘財，非惡貨也；無餘命，非惡壽也。令發之日，士卒坐者涕沾襟，偃臥者涕交頤。投之無所往者，諸、劌之勇也。

故善用兵者，譬如率然；率然者，常山之蛇也。擊其首則尾至，擊其尾則首至，擊其中則首尾俱至。敢問：「兵可使如率然乎？」曰：「可。」夫吳人與越人相惡也，當其同舟而濟，遇風，其相救也如左右手。是故方馬埋輪，未足恃也；齊勇若一，政之道也；剛柔皆得，地之理也。故善用兵者，攜手若使一人，不得已也。

將軍之事，靜以幽，正以治。能愚士卒之耳目，使之無知；易其事，革其謀，使人無識；易其居，迂其途，使人不得慮。帥與之期，如登高而去其梯。帥與之深入諸侯之地，而發其機，焚舟破釜，若驅群羊，驅而往，驅而來，莫知所之。聚三軍之眾，投之於險，此謂將軍之事也。九地之變，屈伸之利，人情之理，不可不察。

凡為客之道，深則專，淺則散。去國越境而師者，絕地也；四達者，衢地也；人深者，重地也；人淺者，輕地也；背固前隘者，圍地也；無所往者，死地也。是故散地，吾將一其志；輕地，吾將使之屬；爭地，吾將趨其後；交地，吾將謹其守；衢地，吾將固其結；重地，吾將繼其食；圮地，吾將進其塗；圍地，吾將塞其闕；死地，吾將示之以不活。故兵之情，圍則禦，不得已則鬥，過則從。

是故不知諸侯之謀者，不能預交；不知山林、險阻、沮澤之形者，不能行軍；不用鄉導者，不能得地利。四五者，不知一，非霸王之兵也。夫霸王之兵，伐大國，則其眾不得聚；威加於敵，則其交不得合。是故不爭天下之交，不養天下之權，信已之私，威加於敵，故其城可拔，其國可隳。施無法之賞，懸無政之令，犯三軍之眾，若使一人。犯之以事，勿告以言；犯之以利，勿告以害。投之亡地然後存，陷之死地然後生。夫眾陷於害，然後能為勝敗。故為兵之事，在於順詳敵之意，並敵一向，千里殺將，此謂巧能成事者也。

是故政舉之日，夷關折符，無通其使；厲於廊廟之上，以誅其事。敵人開闔，必亟入之，先其所愛，微與之期。踐墨隨敵，以決戰事。是故始如處女，敵人開戶；後如脫兔，敵不及拒。

【注釋】

諸侯自戰其地，為散地：諸侯在自己領土上和敵人作戰，遇上危急容易逃散，這種地域叫做散地。

入人之地而不深者，為輕地：進入敵人之地不深，易於輕返的地區叫「輕地」。

爭地：我軍佔領有利、敵軍佔領也有利的地區。

交地：指道路縱橫、地勢平坦、交通便利的地區。交，縱橫交叉。

諸侯之地三居：三，泛指衆多。居，連接，毗鄰。三居，多方毗連，指幾個諸侯國國土交界之外。

先至而得天下之眾者，為衢地：誰先到達就可以得到四周諸侯的援助，這樣的地方叫做「衢地」。

入人之地深，背城邑多者，為重地：進入敵境已遠，隔著很多敵國城邑的地區，叫做重地。

行山林、險阻、沮澤，凡難行之道者，為圮地：凡是山林、險要隘路、水網湖沼這類難行的地區，叫做「圮地」。

圍地：意爲道路狹隘，退路迂遠，敵人能以少擊衆的地區。

疾戰則存，不疾戰則亡者，為死地：地勢險惡，只有奮勇作戰才能生存，不迅速力戰就難免覆滅的地區，叫「死地」。

散地則無戰：在散地上不宜作戰。

無止：止，停留、逗留。無止，即不宜停留。

爭地則無攻：遇到爭地，我方應該先行佔據；如果敵人已先期佔領，則不要去強攻爭奪。

交地則無絕：絕，隔絕、斷絕。句意爲在「交地」要做到軍隊部署上能夠互相策應，行軍序列不可斷絕。

衢地則合交：合交，結交。在衢地上，要加強外交活動，結交諸侯盟友，以爲自己奧援。

重地則掠：掠，掠取、搶掠。在敵方之腹地，不可能從本國往復運糧，要就地解決軍隊的補給問題，故「重地則掠」。

行：迅速通過。

死地則戰：軍隊如進入「死地」，就必須奮勇作戰，力求死裡逃生。

前後不相及：前軍、後軍不能相互策應配合。及，策應。

眾寡不相恃：衆，指大部隊。寡，指小分隊。恃，依靠。此言軍中主力部隊與小分隊不能相互依靠和協同。

貴賤不相救：貴，軍官。賤，士卒。指軍官和士卒之間不能相互救助。

上下不相收：收，聚集、聯繫。指軍隊的建制被打亂，上下之間失去聯絡，無法聚合。

卒離而不集：離，分、散。集，集結。言士卒分散難於集中。

兵合而不齊：雖能使士卒集合在一起，但無法讓軍隊整齊統一。

合於利而動，不合於利而止：意爲對我方有利則戰，不利則不戰。合，符合；動，作戰；止，不戰。

眾整：人數衆多且陣勢嚴整。

先奪其所愛，則聽矣：愛，珍愛，引申爲要害、關鍵。聽，聽從、順從。句意爲要首先攻取敵人的要害之處，敵人就不得不聽從我方擺佈。

兵之情主速：情，情理。主，重在、要在。速，迅速、疾速。用兵的主旨重在迅速。

由不虞之道：由，經過、通過。不虞，不曾料想、意料到。句意為要走敵人預料不到的路徑。

為客之道：客，客軍，指離開本國進入敵國的軍隊。這句的意思是：離開本國進入敵國作戰的規律。

深入則專：專，齊心、專心。軍隊深入敵境作戰，就會齊心協力、意志專一。

主人不克：即在本國作戰的軍隊，無法戰勝客軍。主，在本地作戰。克，戰勝。

掠於饒野：掠取敵方富饒田野上的莊稼。

謹養而勿勞：認眞地做好休整事項，不要使將士過於疲勞。謹，注意、注重。養，休整。

並氣積力：並，合，引申為集中、保持。積，積蓄。意謂保持軍隊士氣，積蓄戰鬥力。

為不可測：使敵人無從判斷。測，推測、判斷。

投之無所往，死且不北：將士兵置於無路可走的境地，雖死也不會敗退。投，投放、投置。

死焉不得：焉，疑問代詞，何、什麼的意思。此句意指士卒死且不懼，哪還有什麼不能做到呢？

兵士甚陷則不懼：士卒們深陷危險境地就不再恐懼。甚，很、非常的意思。

無所往則固：無路可走的情況下，軍心就會穩固。

進入則拘：軍隊進入敵境已深，則軍心凝聚。拘，拘束、束縛，這裡指凝聚。

不得已則鬥：迫不得已就會殊死戰鬥。

是故其兵不修而戒：修，修治、修明法令。戒，戒備、警戒。指士卒不待整治督促，就知道加強戒備。

不約而親：指不待約束就做到內部的親近團結。約，約束。親，團結。

不令而信：不待申令就能做到信任服從。信，服從、信從。

禁祥去疑：禁止占卜之類的迷信，消除疑慮和謠言。祥，吉凶的預兆。這裡指占卜之類的迷信活動。

至死無所之：即使到死也不會逃避。之，往。

吾士無餘財，非惡貨也；無餘命，非惡壽也：我軍士卒沒有多餘的錢財，這並不是他們厭惡財寶；沒有第二條命卻拚死作戰，這也並不是他們不想長壽。餘，多餘。惡，厭惡。貨，財寶。壽，長壽。

士卒坐者涕沾襟：坐著的士卒則淚流面頰。

頤：面頰。

諸、劌之勇也：像專諸、曹劌那樣英勇無畏。諸，專諸，春秋時吳國的勇士，在吳公子光（即闔廬）招待吳王僚的宴席上，用藏於魚腹的劍刺死吳王僚，自己也當場被殺。劌，曹劌，春秋時期魯國的武士，在齊魯柯地會盟上，劫持齊桓公，迫使齊國和魯國訂立盟約，收回爲齊國所侵的魯國土地。

率然：古代傳說中的一種蛇。

常山：即恆山，五岳中的北岳，位於今山西渾源南。西漢時爲避諱漢文帝劉恆的「恆」字，改稱「常山」。

方馬埋輪，未足恃也：方，繫。將馬並排地繫縛在一起，將車輪埋起來，想用此來穩定部隊，以示堅守的決心，是靠不住的。

齊勇若一，政之道也：使士卒齊心協力、英勇殺敵如同一人，這才是治理軍隊的方法。齊，齊心協力。政，治理、管理的意思。

剛柔皆得，地之理也：使強者和弱者都能各盡其力，這在於恰當地運用地形。

將軍之事：將，用作動詞，主持、指揮的意思。此句意為指揮軍隊打仗的事。

靜以幽：靜，沉著冷靜。以，同「而」。幽，幽深莫測。

正以治：謂嚴肅公正而治理得宜。正，嚴正、公正。治，治理、有條理。

能愚士卒之耳目，使之無知：愚，蒙蔽、矇騙。句意為能夠蒙蔽士卒，使他們不能知覺。

易其事，革其謀，使人無識：變更正在做的事，改變計謀，使他人無法識破。易，變更。革，改變、變置。

易其居，迂其途，使人不得慮：更換駐防的地點，行軍迂迴，使敵人無法圖謀。慮，圖謀。

帥與之期，如登高而去其梯：期，約定。句意為主帥賦予軍隊作戰任務，要斷其退路，猶如登高而去梯，使之勇往直前。

帥與之深人諸侯之地，而發其機：統帥與軍隊深入敵國，就如擊發弩機射出的箭一般（筆直向前而不可復回）。機，弩機之板機。

聚三軍之眾，投之於險，此謂將軍之事也：集結全軍，把他們投置到險惡的絕地，這就是指揮軍隊作戰中的要事。

九地之變，屈伸之利：對不同地理條件的應變處置，使軍隊的進退得宜。屈，彎曲。伸，伸展。屈伸，這裡指部隊的前進和後退。

深則專，淺則散：言作戰於敵國，深入則士卒一致，淺進則士卒渙散。

去國越境而師者，絕地也：離開本國而越過邊界進行作戰的地區，就叫絕地。

背固前隘者，圍地也：背後險要，前面道路狹窄，進退易受制於敵人的地區，叫做圍地。

散地，吾將一其志：在散地作戰，我方要使全軍的意志統一起來。

吾將使之屬：屬，連接。使之屬，使軍隊相連接。

爭地，吾將趨其後：在爭地作戰，要迅速進兵，抄到敵人後面，以佔據其地。

衢地，吾將固其結：遇上衢地，我們要鞏固與諸侯國的結盟。

繼其食：繼，繼續，引申爲保障、保持。繼其食即補充軍糧，保障供給。

進其塗：要迅速通過。

塞其闕：堵塞缺口，意在迫使士兵不得不拼死作戰。

示之以不活：向敵人表示死戰的決心。

圍則禦：被包圍就會奮起抵禦。

過則從：過，甚、絕。指身陷絕境士兵就會聽從指揮。

「是故」至「不能得地利」句：此段話已見於前《軍事篇》，此處重複，以示重要。另一說，認爲此處係衍文。

四五者，不知一，非霸王之兵也：此言九地的利害關係，有一不知，就不能成爲霸王的軍隊。

其眾不得聚：指敵國軍民來不及動員和集中。聚，聚集、集中。

威加於敵，則其交不得合：國家強大的實力形成的壓力、兵威施加到敵人頭上，使其在外交上無法聯合諸國。

不爭天下之交：指沒有必要爭著和其他的國家結交。

不養天下之權：沒有必要在其他的國家裡培植自己的權勢。養，培養、培植。

信己之私：信，伸，伸、伸展。私，指私志，引申爲意圖。伸張自己的戰略意圖。

隳：毀壞、摧毀之意。

施無法之賞：無法，超出慣例、規格。句意爲施行超出慣例的獎賞。

懸無政之令：頒佈打破常規的命令。無政，即無正，指不合常規。懸，懸掛，引申爲頒發、頒佈。

犯三軍之眾：犯，使用、指揮運用。句意爲指揮三軍上下行動。

犯之以事，勿告以言：犯，用。之，代名詞，指士卒。事，指作戰。言，指意圖、實情。

犯之以利，勿告以害：使用士卒作戰時，只告訴士卒有利的條件，而不告訴他們任務的危險性，意在堅定士卒信念。

夫眾陷於害，然後能為勝敗：只有把軍隊投置於險惡境地，才能取勝。害，害處，指惡劣環境。勝敗，指取勝、勝利。

在於順詳敵之意：順，假借為「慎」，謹慎的意思。詳，詳細考察。本句意思是用兵作戰要審慎地考察敵人的意圖。

並敵一向，千里殺將：並敵一向，集中主要兵力，選定恰當的主攻方向。殺將，擒殺敵將。

政舉之日，夷關折符，無通其使：政，指戰爭行動。舉，實施、決定。夷，封鎖。折，折斷，這裡可理解為廢除。符，通行證。使，使節。句意為決定戰爭行動之時，要封鎖關口，廢除通行憑證，不和敵國的使節相往來。

敵人開闔，必亟入之：敵方出現疏隙，己方須不失時機予以突擊。闔，門窗，此處借喻敵方之虛隙。亟，急。

先其所愛：指首先攻取敵人關鍵、要害之處，以爭取主動。

微與之期：微，無。期，約期。即不要與敵人約期交戰。

踐墨隨敵：踐，是遵守、遵循的意思；墨，意為原則。句意為遵守的原則是隨敵情而變化。

以決戰事：以解決戰爭勝負問題，求得戰爭的勝利。

始如處女，敵人開戶；後如脫兔，敵不及拒：開始如處女般柔弱沉靜，使敵人放鬆戒備；隨後如脫逃的兔子一樣迅速行動，使敵人來不及抗拒。

【譯文】

孫子說：按照用兵的原則，軍事地理上有散地、輕地、爭地、交地、衢地、重地、圮地、圍地、死地。

諸侯在本國境內作戰的地區，叫做散地。在敵國淺近縱深作戰的地區，叫做輕地。我方得到有利，敵人得到也有利的地區，叫做爭地。我軍可以前往，敵軍也可以前來的地區，叫做交地。與幾個諸侯國相毗鄰，先到達就可以獲得諸侯列國援助的地區，叫做衢地。深入敵國腹地，背靠敵人眾多城邑的地區，叫做重地。山林險阻、水網沼澤這一類難於通行的地區，叫做圮地。進軍的道路狹窄，退兵的道路迂遠，敵人可以用少量兵力攻擊我方眾多兵力的地區，叫做圍地。迅速奮戰就能生存，不迅速奮戰就會全軍覆滅的地區，叫做死地。因此，處於散地就不宜作戰，處於輕地就不宜停留，遇上爭地就不要勉強強攻，遇上交地就不要斷絕聯絡，進入衢地就應該結交諸侯，深入重地就要掠取糧草，碰到圮地必須迅速通過，陷入圍地就要設謀脫險，處於死地就要力戰求生。

從前善於用兵作戰的人，能夠使敵人前後部隊不能相互策應，主力和小部隊無法相互依靠，官兵之間不能相互救援，上下之間無法聚集合攏，士卒離散難以集中，遇上交戰，陣形也不整齊。至於我軍，則是見對我有利就打，對我無利就停止行動。試問：「敵人兵員眾多且又陣勢嚴整，向我發起進攻，那該用什麼辦法對付呢？」答案是：「先奪取敵人最關鍵的有利條件，這樣對方就不得不聽任我們擺佈了。」用兵之理，貴在神速，乘敵人措手不及的時機，走敵人意料不到的道路，攻擊敵人沒有戒備的地方。

在敵國境內進行作戰的一般規律是：深入敵國的腹地，我軍的軍心就會堅固，敵人就不易戰勝我們。在敵國豐饒的田野上掠取糧草，全軍上下的給養就有了足夠的保障。要注意休整部隊，不要使其過於疲勞。保持士氣，積蓄力量，部署兵力，巧設計謀，使敵人無法判斷我軍的意圖。將部隊置於無路可走的絕境，士卒就會寧死不退。士卒既寧死不退，怎會不殊死作戰呢？士卒深陷危險的境地，心裡就不再存有恐懼；無路可走，軍心自然就會穩固；深入敵境，軍隊就不會離散。遇到迫不得已的情況，軍隊就會殊死奮戰。

因此，這樣的軍隊不須整飭就能注意戒備，不用強求就能完成任務，無須約束就能親密團結，不待申令就會遵守紀律。禁止占卜迷信，消除士卒的疑慮，他們就至死也不會逃避。我軍士卒沒有多餘的錢財，這並不是他們厭惡錢財；我軍士卒置生死於度外，也不是他們厭惡生命。當作戰命令頒佈之時，坐著的士卒淚沾衣襟，躺著的士卒淚流滿面。把士卒投置到無路可走的絕境，他們就都會像專諸、曹劌一樣的勇敢。

善於指揮作戰的人，能使部隊自我策應如同「率然」蛇一樣。「率然」，是常山地方的一種蛇，打牠的頭部，尾巴就來救應；打牠的尾巴，頭就來救應；打牠的腰，牠的頭尾都來救應。試問：「可以使軍隊像『率然』一樣吧？」回答是：「可以。」吳國人和越國人是互相仇視的，但當他們同船渡河而遇上大風時，會相互救援，配合默契就如同人的左右手一樣。所以，把馬並縛在一起、深埋車輪，想用這種顯示死戰決心的辦法來穩定部隊，是靠不住的。要使部隊能夠齊心協力奮勇作戰如同一人，關鍵在於部隊管理教育有方，要使優劣條件不同的士卒都能發揮作用，根本在於恰當地利用地形。所以，善於用兵的人，能使全軍上下攜手團結如同一人，這是因爲客觀形勢迫使部隊不得不這樣。

在指揮軍隊這件事情上，要做到考慮謀略沉著冷靜而幽邃莫測，管理部隊公正嚴明而有條不紊。要能蒙蔽士卒的視聽，使他們對於軍事行動毫無所知；變更作戰部署，改變原定計劃，使人無法識破眞相；不時變換駐地，故意迂迴前進，使敵人無從推測我方的意圖。

將帥賦予軍隊作戰任務，要像登高而去掉梯子一樣，使軍隊有進無退。將帥率領士卒深入諸侯國土，要像弩機發出的箭一樣一往無前。要燒掉舟船，打碎鍋釜，以示死戰的決心。對待士卒，要能如驅趕羊群一樣，使他們不知道要到哪裡去。集結全軍官兵，把他們投置於險惡的環境，這就是指揮軍隊作戰的要務。九種地形的應變處置，攻防進退的利害得失，全軍上下的心理狀態，這些都是作爲將帥不能不認眞研究和周密考察的。

在敵國境內作戰的通常規律是：進入敵國境內越深，軍心就越是穩定鞏固；進入敵國境內越淺，軍心就容易懈怠渙散。離開本土，越入敵境進行作戰的地區，叫做絕地；四通八達的地區，叫做衢地；進人敵境縱深的地區，叫做重地；進入敵境淺的地區，叫做輕地。背有險阻面對隘路的地區，叫做圍地。無路可走的地區，叫做死地。因此，處於散地，要統一軍隊的意志；處於輕地，要使營陣緊密相連；在爭地上，要迅速出兵抄到敵人的後面；在交地上，就要謹慎防守；在衢地上，就要鞏固與諸侯列國的結盟；遇上重地，就要保障軍糧的供應；遇上圮地，就必須迅速通過；陷入圍地，就要堵塞缺口；到了死地，就要顯示殊死奮戰的決心。所以，士卒的心理狀態是：陷入包圍就會竭力抵抗，形勢逼迫就會拚死戰鬥，身處絕境就會聽從指揮。

因而，不瞭解諸侯列國的戰略意圖，就不要預先與之結交；不熟悉山林、險阻、沼澤等地形情況，就不能行軍。不使用嚮導，就無法獲得有利的地形。這些情況，如有一樣不瞭解，都不能成為稱王爭霸的軍隊。

凡是稱王爭霸的軍隊，進攻敵國，能使敵國的軍民來不及動員集中；兵威加在敵人頭上，能夠使敵方的盟國無法配合策應。因此，沒有必要去爭著與天下諸侯結交，也用不著在各諸侯國裡培植自己的勢力；只要伸展自己的戰略意圖，把兵威施加在敵人頭上，就可以拔取敵人的城邑，摧毀敵人的國都。施行超越慣例的獎賞，頒佈不拘常規的號令，指揮全軍就如同使用一個人一樣。向部下佈置作戰任務，但不說明其中的意圖。動用士卒，只說明有利的條件，而不指出危險的因素。將士卒投置於危地，才能轉危爲安，使士卒陷身於死地，才能起死回生。軍隊深陷絕境，然後才能贏得勝利。所以，指揮戰爭這種事，在於謹慎地觀察敵人的戰略意圖，集中兵力攻擊敵人之一部，千里奔襲，擒殺敵將。這就是所謂巧妙用兵，實現克敵制勝的目標。

決定戰爭方略的時候，要封鎖關口，廢除通行符證，不允許敵國使者往來，要在廟堂裡反覆秘密謀劃，做出戰略決策。敵人方面一旦出現間隙，就要迅速地乘機而入。首先奪取敵人的戰略要地，但不要輕易與敵人約期決戰，要靈活機動，因敵方變化來決定自己的作戰行動。戰鬥打響之前要像處女那樣顯得深靜柔弱，誘使敵人放鬆戒備。戰鬥展開之後，則要像脫逃的野兔一樣行動迅速，使得敵人措手不及，無從抵抗。

【第1章】

圍地則謀，死地則戰

所謂敵竭宜攻，敵亂宜追，帶兵打仗要講究振作己方士氣，削弱對方氣勢，不宜硬碰硬。此外，在戰鬥中也應處處提防，小心陷阱，不可魯莽從事。

一聲怒吼突破重圍

戰場上風雲變幻，諾曼地登陸的成功和諾曼．科塔準將的帶動息息相關，正是他的一聲怒吼才挽救了美軍，贏得了這場關鍵戰役的勝利。

一九四四年六月五日夜晚，英吉利海面狂風呼嘯，波浪滔滔，盟軍在歐洲開闢第二戰場的聯合行動拉開序幕，「諾曼地登陸戰」開始了。

六月六日清晨六時三十分，在盟軍空中、海上炮火和大量水陸兩用坦克的掩護下，突擊部隊開始突擊猶他海灘和奧馬哈海灘。

在猶他海灘，突擊隊乘坐的登陸艇在距離海岸十一英里多的海域就開始以戰鬥隊形突擊海灘。這裡敵軍的防禦力量比較薄弱，當天傍晚，登陸部隊僅以極小的傷亡便奪取了猶他海灘。

在奧馬哈海灘，登陸部隊可就沒這樣順利了。奧馬哈海灘上有一段沙坡，後面又有防波堤，沒有任何隱蔽物。德軍巧妙地利用地形構築了多層防禦工事，在高地和陡壁上又設了炮位和火力點，再加上障礙物、鐵絲網和秘密據點，猶如銅牆鐵壁一般。

六點三十分，美軍第五軍的第一梯隊步兵登上了奧馬哈海灘，並在炮火掩護下向前衝鋒。灘頭上，載有作戰人員、物資的登陸艇奮勇衝向灘頭。幾乎完全處於暴露地帶的登陸部隊，立即遭到敵軍火力猛烈打擊。

前邊的部隊受阻，後邊的部隊源源不斷湧來，灘頭很快處於極端混亂的狀態。敵軍炮彈對準這些明顯的「靶子」猛烈轟擊，命中率極高，登陸艇、車輛甚至坦克紛紛起火燃燒。

德軍各個火力網中的機槍也對準登陸人員瘋狂掃射，交叉火力對登陸人員造成極大的傷亡。霎時，登陸士兵橫七豎八地遍佈灘頭，許多人尚未上岸就倒斃在岸邊的淺水裡。可怕的是，登陸部隊找不到可以藏身的隱蔽物，完全成了德軍火力的攻擊目標，大多數兩棲坦克還沒有發揮威力就已經被擊毀。

德軍居高臨下地控制著海灘，對美軍登陸部隊的阻擊很快變成了一場大規模的屠殺，奧馬哈海灘在烈焰中、煙硝中、震耳欲聾的爆炸聲中，幾乎變成登陸美軍的地獄。海灘上屍橫遍野，血流成河，慘狀令人目不忍睹。儘管這場戰鬥如此血腥殘酷，一些勇敢頑強的軍人還是很快從手足無措的驚恐中鎮定下來，以若干小分隊的形式，向前勇猛地推進。灘頭陣地一寸一寸擴大，但每向前推進一步，美軍都必須付出極為慘重的代價。

首批在奧馬哈海灘登陸的那個團，士氣漸漸低迷下來，屍體和車輛、船體的殘骸團團包圍著他們，垂頭喪氣的士兵或趴在各種殘骸構成的掩蔽物後邊，或趴在沙灘上，有些人甚至就趴在淺水裡，既無法行動，也無法還擊。

在極為艱難和危險的時刻，美軍第二十九師副師長諾曼·科塔準將和該團團長喬治·泰勒趕到了。面對這樣令人痛苦而又混亂的場面，優秀指揮官的行事作風在他們身上展現出來。

在危機中，一個優秀指揮官的突出表現應該是鎮靜自若，臨危不懼，必須有必勝的信念和頑強的意志。如果指揮者臨陣心存畏懼、意志軟弱，那麼在執行任務時，必定目標混亂、遇事慌張，部隊勢必喪失戰鬥力。

很快，困在灘頭的士兵就看到令他們震驚而又激動不已的場面，諾曼．科塔准將冒著敵人的炮火和機槍的瘋狂掃射，在海灘上沉著冷靜、無所畏懼地大步行走。他一邊走，一邊不斷下達命令，同時又鼓舞士兵振作起精神，立即進行戰鬥。他對士兵們高聲喊道：「留在海灘上的只有兩種人，一種是死人，一種是等死的人！跟我來呀，把魔鬼趕走！」

泰勒上校也向士兵們喊道：「待在這裡是死路一條，衝過海灘才能得到生存。」士兵們深深感動，部隊的士氣開始振作起來。他們很快編成若干支小部隊，勇猛地衝向敵人陣地，敵人的炮火和槍林彈雨再也不能阻止他們前進。美軍在奧馬哈海灘的灘頭陣地在逐漸擴大，當天夜裡，美軍第五軍軍長羅傑就把指揮部搬到岸上。

戰場上風雲變幻，成敗有時就在瞬間決定。一支軍隊的士氣就如同汽油一樣，是帶動機器運轉的動力。諾曼地登陸的成功和諾曼．科塔准將的帶動息息相關，甚至可以說，正是他的一聲怒吼才挽救了美軍，贏得了這場關鍵戰役的勝利。

沉得住氣，事情才會更順利

身為領導人，無論是用人還是做事，都必須能沉得住氣，明斷是非，這樣方能不為有心人左右，才能完成自己想做之事。

戰國初期，魏國國君魏文侯打算發兵征伐中山國。有人向他推薦樂羊，說他智勇雙全，一定能攻下中山國。可是，也有人說樂羊的兒子樂舒正在中山國當大官，恐怕樂羊會投鼠忌器，難以盡心盡力。

後來，魏文侯瞭解樂羊曾經拒絕兒子奉中山國君之命發出的邀請，還勸兒子不要跟隨荒淫無道的國君。於是，魏文侯決定重用樂羊，派他帶兵去征伐中山國。

樂羊一路攻到中山國的都城，然後就按兵不動，只圍不攻。

幾個月過去了，樂羊還是沒有發動攻擊，魏國的大臣們議論紛紛，讒言四起，可是魏文侯不聽信流言蜚語，只是不斷地派人去慰勞樂羊。

樂羊一直按兵不動，他的手下西門豹忍不住詢問爲什麼還不動手。樂羊說：「我之所以只圍不打，還寬限他們投降的日期，就是爲了讓中山國的百姓們看出誰是誰非，這樣我們才能眞正收服民心，我才不是爲了區區樂舒一個人呢。」

又過了一個月，樂羊發動攻勢，終於攻下了中山國的都城。樂羊留下西門豹處置後續事宜，自己帶兵回到魏國。

魏文侯親自爲樂羊接風洗塵，宴會完了之後，魏文侯送給他一只箱子，讓他拿回家再打開。樂羊回家後打開箱子一看，原來裡面全是自己攻打中山國時，大臣們誹謗、彈劾自己的奏章。

身爲領導人，無論是用人還是做事，都必須能沉得住氣，明斷是非，這樣方能不爲有心人左右，才能完成自己想做之事。

殺一儆百才能樹立樣板

殺一儆百，可以說是樹威立規屢試不爽的法寶，作用力極大，因而也常常為領導人所用。樣板樹立起來了，自然會有人知難而退。

宋朝大臣薛簡肅在成都任職時，有一天在大東門外設宴。城中有一名衛兵作亂，不久被擒，成都主管報告薛簡肅，問如何處置。

薛簡肅下令，就在逮捕他的地方處斬。

一般認爲這是英明的處置，否則要是衛兵隨意牽扯，時間一拖久，又不知會連累多少人，無法使士兵浮躁的心平靜下來。

類似的例子還有很多。

明鎬在宋仁宗時被提拔爲龍圖閣直學士，主管并州事務，巡視邊境防備盜賊。當時擔任邊境事務的人，多半是紈褲子弟。明鎬一到任就找出最不稱職的人加以杖罰，一些好逸惡勞的人見他行事嚴厲，紛紛辭職離開。於是，明鎬就上奏朝廷，挑選有經驗的人來防守邊境的堡寨。

當時，部隊移動時，有些娼妓會隨著行動，明鎬想驅逐她們，又怕引起士兵反彈。剛好有士兵因爲爭風吃醋，殺了一個娼妓，官吏把他抓來向明鎬報告。明鎬說：「那些人跟著軍隊行動做什麼？」當場釋放士兵，不加以懲治。娼妓們見明鎬擺明態度，深恐自己的人身安全沒有保障，紛紛走了。

陳恕於宋太宗時遷調爲工部郎中，掌理大名府。當時契丹侵略中原，陳恕奉命要增建城牆，挖深壕溝，許多物資和人力必須從民間徵集，但有些民衆卻不配合。陳恕立刻逮捕大名府中的一名大戶惡霸，召集將士，揚言公開處斬。

這名大戶的宗族哭號著申訴，府中幕僚爭著營救，大戶本人更是叩頭流血請求饒恕，自願在第二天完成任務，如果逾期，甘願被斬。

陳恕於是下令，讓他帶著鐐銬去完成分派的任務，以此警示民眾。民眾都很恐慌，不敢再延遲，不多久，工事就完成了。

殺一儆百，可以說是樹威立規屢試不爽的法寶，作用力極大，因而也常常爲領導人所用。樣板樹立起來了，自然會有人知難而退。

主帥是軍隊的靈魂

將領是軍隊的靈魂，如果懼敵而逃，那麼全軍官兵又怎麼能全力以赴？事實證明，只有在指揮官帶頭禦敵之下，才能確保全軍的穩定並爭取戰爭的勝利。

宣和七年，金兵攻佔了遼國的燕京後，乘勝揮師南下，渡過黃河，一路上宋軍望風而逃，告急的文書像雪片一樣飛向北宋朝廷。

宋徽宗慌忙將皇位禪讓給他的兒子宋欽宗後出逃東奔，宋欽宗選任大臣李綱爲兵部侍郎，委以禦敵之任。金兵渡過黃河後，直逼開封城下，李綱建議宋欽宗固守待援。可是，佞臣白時中、李邦彥等人都連勸帶唬地要求暫避敵鋒，逃往襄、鄧，宋欽宗也動心了。

宋軍本已軍心浮動，大有全軍崩潰之勢，宋欽宗如果出逃，勢必讓金人一舉攻下京城，甚至趁勢南下，消滅宋朝。在這樣的危急關頭，作爲兵部侍郎，李綱不斷苦思該怎樣才能穩住軍心，確保京城的安全。

李綱堅決反對宋欽宗出逃，對他說道：「太上皇帝將國家宗社傳給陛下，陛下怎可棄城逃跑呢？都城是祖宗宗廟社稷、百官萬民之所在，除了都城，陛下還有哪裡可以去呢？爲今日計，應立即整飭軍馬，號召軍民堅持拒敵，等待各地勤王軍隊的到來。」

宋欽宗要選派守城的大臣，白時中、李邦彥等人貪生怕死，相繼推諉，李綱慨然自請指揮京城的保衛戰。

但白時中、李邦彥等人不斷地勸誘宋欽宗逃離京城，欽宗又動搖了，下詔李綱爲東京留守。

李綱立即奏見欽宗說：「唐明皇時，潼關失守，即慌忙逃往四川，結果京師淪陷，宗廟社稷毀於一旦，後人都認爲明皇之失在於不能堅守待援。現在天下四方的援兵陸續趕往京師，陛下爲何做此輕率之舉，重蹈唐明皇的覆轍呢？」

宋欽宗聽後有所悔悟，表示願意留下。不料，次日清晨李綱入朝時，卻見午門內禁衛環甲，乘輿已駕，皇帝即將起程出逃。李綱急呼禁衛道：「你們是願意堅守宗廟社稷呢，還是願隨皇上出幸？」

衛士齊聲應道：「我們的父母妻子都在城中，願意死守！」

李綱立即入見宋欽宗，言辭懇切對他說：「陛下既然答應堅守京師，爲何又出此下策？今衛士家屬盡在城中，軍心浮動，萬一中途散歸，何人護衛陛下？況且金兵日益逼近，如果探知陛下出行不遠，必然派輕騎窮追不捨，陛下何以禦敵？難道要束手待擒嗎？」

宋欽宗至此方如夢方醒，斷絕了出逃的念頭，並親自登上宣德樓，宣諭軍民誓死抗戰，軍士皆拜伏高呼萬歲。

宋欽宗命李綱全權指揮守城大軍。宋軍聽到皇帝仍留在京師，士氣大增，軍民秣馬厲兵，準備迎敵。

正月，金軍攻到開封城下，李綱募集敢死將士多次出城殺退金兵，夜斫敵營，兩河制置使鍾師道等勤王兵也陸續雲集開封，最後宋金雙方達成和議，金兵退離開封，東京保衛戰最後取得勝利。

將領是軍隊的靈魂，作爲皇帝的宋欽宗更是全國武裝力量的首腦，如果懼敵而逃，那麼全軍官兵又怎麼能全力以赴，抵抗金兵入侵呢？李綱深明這一點，所以力勸欽宗留守京師，穩定軍心鼓舞士氣。事實證明，只有在指揮官帶頭禦敵之下，才能確保全軍的穩定並爭取戰爭的勝利。

風起河凍，渡水追擊

拓跋珪對於來勢洶洶的燕軍沒有強打，而是靈活地調動部隊與之周旋，然後尋找到風起河凍的良機予以痛擊，這是拓跋珪領軍的聰明之處。

前燕大將慕容垂乘苻堅淝水戰敗之機，重建燕國，史稱後燕。太元十七年，慕容垂攻陷滑台，滅掉了丁零族翟氏建立的魏國。十九年兼併西燕，一躍而成爲中原地區最強大的國家。次年五月，他派太子慕容寶、趙王慕容麟率軍八萬討伐北魏，又派慕容德、慕容紹領兵一萬八千人爲後繼，準備一舉滅掉北魏政權。

燕軍大兵壓境，氣勢洶洶，在敵強我弱的情況下，北魏國主拓跋珪採納了謀士張袞的意見，以避敵鋒芒、保存實力的作戰方針，把部落、牲畜和二十萬大軍轉移到黃河以南地區。燕軍沒有遇到什麼抵抗，就懸軍深入到五原，沿途只擄掠到北魏老弱三萬餘戶，收割禾祭田百餘萬斛。

接著，燕軍在黃河北岸趕造船隻，準備渡河。

燕軍從五月佔領五原，到這年九月，已經曝師於荒野四個月之久，始終找不到與魏軍主力決戰的機會，他們製造的數十艘船隻又被大風刮到黃河南岸，無法渡河，士氣開始低落，軍心逐漸開始渙散。

拓跋珪在黃河以南積極進行軍事部署，調兵遣將準備反擊，見燕軍的船被大風刮走，更加堅定信心，決定抓住這稍縱即逝的天賜良機。

九月，拓跋珪率軍進駐黃河南岸，與燕軍隔河對峙，派遣軍隊將後燕往返於途中的使者全部抓獲，封鎖燕軍與後方的聯繫，並讓使者隔河對燕軍大呼道：「慕容垂已死，你們爲什麼不回國發喪呢？」

慕容寶出兵時已知慕容垂患病，聽到慕容垂已死的消息後，十分憂慮恐懼，惟恐大權落入他人之手。將士也爲之驚駭，再加上塞外嚴寒，燕軍已喪失鬥志。十月，慕容寶燒毀船隻，乘夜遁去。

拓跋珪派拓跋遵統兵七萬，堵塞了燕軍返歸的後路，自己親率精騎兩萬人，乘北風驟起，河水結冰之機，渡過黃河，跟蹤追擊。

十一月九日黃昏，拓跋珪悄悄地到達燕軍宿營的參合陂，登上蟠羊山。第二天早晨燕軍醒來，忽見山上佈滿魏兵，頓時驚慌失措，爭相赴水逃命。拓跋珪縱兵追殺，燕軍被踐踏、溺死者不計其數。拓跋遵的七萬魏軍又在前面掩殺，燕軍在前後夾擊之下，紛紛投降，生還者不過數千人，慕容寶、慕容麟僅以身免。後燕自參合陂戰後，國力衰竭，從此一蹶不振。

拓跋珪對於來勢洶洶的燕軍沒有強打，而是靈活地調動部隊與之周旋，然後尋找到風起河凍的良機予以痛擊，這是拓跋珪領軍的聰明之處。

一鼓作氣戰勝敵軍

所謂敵竭宜攻，敵亂宜追，帶兵打仗要講究振作己方士氣，削弱對方氣勢，不宜硬碰硬。此外，在戰鬥中也應處處提防，小心陷阱，不可魯莽從事。

西元前六八四年，齊國派出軍隊侵犯魯國。魯莊公決心抵抗，兩軍在長勺擺開陣勢，準備打一場惡仗。

在國家危亡之秋，魯國的勇士曹劌自告奮勇前去求見魯莊公。和魯莊公一番交談後，曹劌覺得他是個不錯的君主，決心好好幫他一把，便要求和他一起到前線。魯莊公見曹劌很有見地，自然一口應允。

齊魯兩軍相遇，魯莊公便想擂鼓下令向齊軍衝鋒，曹劌馬上制止說：「不好，還不是時候！」

齊軍發動三次進攻，都沒有成功，士氣大減，曹劌及時對魯莊公說：「現在是向齊軍發動衝鋒的時候了！」

魯莊公趕緊擂鼓下令。魯軍如猛虎出柙，勢不可擋，一下子把齊軍打垮了。齊軍潰不成軍，隨即抱頭鼠竄。眼見這大好形勢，魯莊公想馬上下達追擊命令，曹劌又加以制止。

他跳下戰車，察看齊軍潰逃時的戰地車轍的情況，爾後又登上戰車眺望遠去的齊軍，然後對魯莊公說：「可以下令了！」

魯莊公下達了軍令，取得了大勝。

戰後，魯莊公向曹劌請教他為什麼那麼指揮。

曹劌說：「打仗憑的是士氣。第一次擊鼓衝鋒時士氣最旺盛，第二次擊鼓時士氣就差了，到第三次擊鼓時已經沒有衝勁了。當敵軍士氣衰竭時，我軍的士氣正旺盛，這時候向敵軍出擊，自然容易成功。」

接著，曹劌又說追擊時機的掌握，「齊國是大國，他們退卻會不會有詐，前方會不會有伏兵，這很難說，要仔細觀察。我下車看到敵方退卻之時車轍混亂，不像是有秩序地撤退，再看遠逃的敵軍，指揮旗也倒了，這證明他們是真的被打敗逃跑了，沒有埋伏，可以放心去追擊。」

這一番話，使魯莊公茅塞頓開。

所謂敵竭宜攻，敵亂宜追，帶兵打仗要講究振作己方士氣，削弱對方氣勢，不宜硬碰硬，此外，在戰鬥中也應處處提防，小心陷阱，不可魯莽從事。不論什麼形式的競爭都是如此，要想發展自己，就要先學會削弱別人。

克利曼率法軍戰勝普魯士

普軍陷入左右夾攻之中，軍心渙散，紛紛潰逃。危急關頭，克利曼挺身而出，燃起了士兵的鬥志，壓制敵人士氣取得勝利，充分展現身為指揮官的價值。

一七九二年九月十九日，法國革命軍與普魯士干涉軍在法國馬恩省的小山村瓦爾密相遇，雙方擺開陣勢，準備決戰。

次日上午九時，瓦爾密決戰開始。普軍五十四門大炮對準瓦爾密高地猛烈轟擊，克利曼率領法軍英勇迎擊，雙方展開了激烈的炮戰，一直持續到下午二時。之後，普軍組織起數次衝鋒，均被法軍擊退。

可是，普軍仍不善罷干休，積極策劃新的大規模進攻。突然，普軍炮彈擊中了法軍陣地的彈藥車，爆炸聲震耳欲聾，法軍軍心浮動。

法軍指揮官克利曼見情況危急，立刻挺身而出，鼓勵士兵排除萬難，和普軍決一死戰。他把自己的軍帽套在軍刀刀尖上，在列隊的士兵前大聲高呼：「法蘭西萬歲！民族萬歲！」

滿腔怒火的士兵也跟著齊聲高呼：「法蘭西萬歲！」等口號，並唱起了莊嚴的《馬賽曲》，緊握上了刺刀的步槍，嚴陣以待。

普軍對這突如其來的舉動感到惶恐不安，不敢貿然發起衝鋒。與此同時，法軍炮兵緊密配合步兵，排炮齊發，打得普軍暈頭轉向，四處逃竄。法軍步兵則迂迴敵軍左翼，迅速佔領通向凡爾登的要道，切斷了普軍的退路。

普軍陷入左右夾攻之中，軍心渙散，紛紛潰逃，法軍取得法國大革命以來反對入侵者的第一次勝利。

在危急關頭，克利曼能挺身而出，燃起了士兵的鬥志，壓制敵人士氣取得勝利，充分展現了身為指揮官的價值。

拿破崙身先士卒

身為總司令的拿破崙深知，只要指揮官身先士卒，衝鋒在前，必能激勵官兵鬥志，向敵人發起猛烈進攻，一舉打敗敵人。

一七九六年四月，拿破崙率領法軍越過阿爾卑斯山，開始對義大利北部進攻。戰爭一開始，法軍接連取得了幾個戰役的勝利。

奧地利的哈布斯堡王朝爲了阻止法國繼續前進，組建了一支由阿爾文齊將軍指揮的精銳部隊。

一七九六年十一月十五日，兩軍在阿爾科勒相遇，面對著人數較多的敵人，法軍在拿破崙指揮下發起了猛烈的攻勢。但在奧軍最重要的據點阿爾科勒橋，法軍三次猛攻都未能奏效，傷亡慘重。

顯然，時間再拖下去對法軍極爲不利。這時，身爲總司令的拿破崙將軍毅然自己高舉起紅旗，衝在隊伍最前面。法軍官兵見此情景士氣大振，一舉攻下了奧軍的這個據點。

拿破崙身邊的幾個士兵和副官先後陣亡，這場血戰持續了三個晝夜，奧地利軍隊終於被擊潰。

作爲一個軍事指揮官，需要沉著、冷靜、堅毅、勇敢，更要有智謀。拿破崙深知，只要指揮官身先士卒，衝鋒在前，必能激勵官兵鬥志，向敵人發起猛烈進攻，一舉打敗敵人。

當然，作爲重任在身的高級指揮官，非到萬不得已時，不能冒險帶頭衝鋒陷陣，免得造成不必要的傷亡，影響整個部隊的作戰指揮。

「卡爾森」式領導術

如果不和基層接觸，你就只能命令公司人員服從你，卻不能命令他們全心全意支持你，服從和全心全意支持之間有天壤之別。

美國聯合航空公司前總裁卡爾森，是一位極有才華的管理者。

他剛上任時，公司出現了創建幾十年來最大的一次虧損，全年大約虧損四千六百萬美元。爲此，職員情緒很低，駕駛員、地勤人員、爲旅客服務的代理商和空姐也毫不掩飾他們的低落情緒。

卡爾森一上任，便實行一整套行之有效的管理方法。在短短幾年裡，就使公司的總收入達二億美元，扭轉了公司虧損局面。

從某種意義上說，一個好的企業家，就是一個好的「軍事家」，必須實行「軍事式」管理，這就是卡爾森式領導術的核心。

卡爾森的領導訣竅在哪呢？

首先，以人爲中心。

卡爾森以前是西方旅館業國際公司總裁，對經營航空公司沒有經驗，但他卻看到兩個企業的共同點：在任何企業中，總裁雖然左右著下屬，但他必須把他們看成是受尊敬、可信賴的人，即上面權力是由下面授予的。

卡爾森的觀念是這樣：「一家公司的總裁和政治家差不多，都有選民、公司的選民。一個企業的各級工作人員都必須瞭解上司的綱領，要是他們不瞭解，上司就無法得到他們全心全意合作。」

其次，看得見的管理。

卡爾森的第二個原則是，領導者必須貫徹「看得見的管理」，他認爲這是他的管理方法的基礎。他說：「我的信念是公司的雇員應該看得見領導者，他們應該知道我的樣子，知道我在聽取他們的意見。我剛到公司的頭一個星期就到下面去巡視工作，後來一直這樣做。我在下面的時間，大約佔六十五％。」

他上任一年走了十八．六萬英里，盡力消除過去的隔閡，當面向職員宣傳他的理念和目標，讓最瞭解情況的人解決問題。另一方面，他也制定聯繫計劃，交流上下情況。

公司的一位高級主管說：「卡爾森不僅真正實行看得見的管理，而且把它視爲對公司管理人員的一項要求，高級主管很少坐在辦公室裡，經常跑來跑去，聽取大家的意見。」

最後，和基層接觸。

面對面和下級人員協商，是卡爾森管理作風的另一特色，這種對話不僅是瞭解情況的管道，而且是實施新計劃之前徵求意見的一種手段。公司的一位主管說：「全公司都強調和基層接觸，這是卡爾森工作方法的一部分，卡爾森強調要做大量的基礎工作。」

和基層接觸成了聯合航空公司做出重大決定的先決條件。一位高級主管針對這一點說：「管理的竅門是向公司人員宣傳計劃的優點，以及實施計劃的必然結果。

如果不和基層接觸，你就只能命令公司人員服從你，卻不能命令他們全心全意支持你，服從和全心全意支持之間有天壤之別。」

卡爾森的這些管理術雖然是訣竅，實際運用之時，還需要協調制度加以輔佐，「令之以文，齊之以武」，否則，只能是東施效顰了。

【第2章】

兵之情主神速

《孫子兵法》強調兵貴神速，出乎意料的襲擊，在發動戰略進攻時至關重要，是千古不易的真理。利用速度來打擊敵人，尤其是在局部的戰場上，集中強大力量能有效地戰勝敵人，收奇襲之效。

李靖速戰，平定吐谷渾之戰

李靖分兵兩路，窮追不捨。唐軍從天而降，勢如破竹，吐谷渾伏允之亂從此平定，從長安通往西域的「絲綢之路」再次暢通。

西元六三四年，吐谷渾可汗伏允侵入河西走廊，截斷「絲綢之路」，唐太宗李世民派老將李靖率重兵前去剿除伏允。

進軍吐谷渾是一場鬥智鬥勇的硬戰。先前，伏允依恃大西北地區的險惡地形和惡劣氣候，對唐軍採取「你進我退，你退我進」的策略，致使唐軍的幾次圍剿都沒有成功。李靖總結了唐軍多次作戰失利的教訓，制定了「長途奔襲，速戰速決」的策略，在庫山（**青海天峻縣**）追上伏允後，立刻派千餘騎精兵越過庫山，對企圖憑藉險峻地形死守的伏允實施前後夾擊。

伏允沒有料到唐軍會這麼快追上他，更沒有料到唐軍會越過庫山向他發起進攻，惶亂之中，丟棄大批作戰物資，狼狽而逃。

爲了阻止李靖追擊，伏允一邊逃，一邊焚燒長滿牧草的草原。唐軍的戰馬無野草可食，又饑又瘦，衆將見狀，建議李靖暫時退回鄯州，待野草長出後再追剿伏允。李靖說：「伏允銳氣已失，正可乘勝追剿，如果讓他恢復元氣，就不好對付了。」

在尙書侯君集支持下，李靖分兵兩路，窮追不捨，伏允走投無路，逃入沙漠。李靖身先士卒，頂著烈日和沙漠中的酷熱，渴了就以刀刺馬，飲馬血解渴，終於在突倫川附近再次追上了剛剛安下營寨準備過夜的伏允大軍。唐軍從天而降，勢如破竹，伏允的兒子慕容順被迫率衆投降，伏允只帶親信幾十人逃入沙漠深處，四顧茫然，最後自殺身亡。

吐谷渾伏允之亂從此平定，從長安通往西域的「絲綢之路」再次暢通。

乘勝追敵，使敵無力恢復元氣，迅速擊之則必勝無疑。

英國夜襲塔蘭托

在現代戰爭中，發揮空軍優勢，利用速度來打擊敵人已經成為主流，尤其是在局部的戰場上，集中強大的空襲力量能有效地戰勝敵人，收奇襲之效。

在對敵人襲擊成功的戰例中，能發現這麼一個現象：被襲者都覺得莫名其妙就受到了打擊，還沒有反應過來已經被對方打得暈頭轉向。這也說明，襲擊確實是戰場上很有效的手段。

一九四〇年六月十日，義大利對英法宣戰，揭開了地中海海戰的序幕。

隨著六月二十二日法國投降，英國地中海艦隊開始單獨面臨義大利海軍的威脅。

此時，義大利海軍擁有六艘戰列艦、七艘重巡洋艦、十二艘輕巡洋艦、五十九艘驅逐艦、六十七艘魚雷艇、一一六艘潛艇以及一三四艘其他船隻。

這是一支不容忽視的力量，與英國海軍的比例約爲二：五，但是英國海軍分散在世界各地，在地中海只有四艘戰列艦、一艘航空母艦、八艘輕巡洋艦、二十艘驅逐艦、十二艘潛艇。

優勢顯然在義大利一邊。

英國想守住非洲，必須不斷增援守軍，也必須奪取地中海的制海權，保證從直布羅陀到馬爾他，再到亞歷山大，全長三千二百公里的航線安全。在這種情況下，由於水面艦艇處於劣勢，很難通過海上決戰奪取制海權，怎麼才能在地中海戰勝意軍，爭得海上優勢呢？

英軍認爲唯一可行的方案便是用夜襲方式摧毀港內的義大利艦隊主力。於是，英軍開始策劃襲擊義大利海軍的主要駐泊港塔蘭托。

塔蘭托是位於義大利南部塔蘭托灣內的一座深水良港，是義大利艦隊最重要的基地，擁有支援各種艦艇的一切設施，堪稱義大利艦隊的心臟。

爲了保證空襲成功，英軍還對塔蘭托進行不間斷的偵察，弄清義大利軍艦的在港情況和港口的防禦虛實。

在十月的幾次空中偵察中，英軍發現塔蘭托港的防空設施中配備有攔阻氣球，又發現義大利正在鋪設防雷網。爲此，英軍對攻擊計劃進行了修改，並爲魚雷裝上了磁性引信，對魚雷定深也進行了調整。這樣一來，義大利的防雷網便變得毫無作用了。

十一月六日下午，「卓越號」航空母艦在四艘戰列艦、二艘巡洋艦及大批驅逐艦伴隨下，從亞歷山大港啓航西行。

八日中午，艦隊被義大利發現；九日，義大利偵察機發現了距塔蘭托五五六公里的英國艦隊。由於英國照常保持馬爾他到亞歷山大間的航行，義軍誤認爲英軍是在執行常規護航任務，並未在意。

十一日一整天，義大利沒有發現英艦正在向愛奧尼亞海中部前進。十一日晚六時，「卓越號」及護航艦隻駛抵距塔蘭托三二五公里的海域。十九時四十五分，「卓越號」轉向迎風向行駛，擔負首批攻擊任務的十二架「劍魚式」飛機依次起飛，消失在夜色中。

十一日十九時五十五分，塔蘭托接到了警報，但並未重視，因爲這裡雖常被偵察卻從未遭轟炸。

二十時五分和五十分，塔蘭托兩次發出了空襲警報，但很快解除了。到了二十二時二十五分，第三次空襲警報響了，空襲眞的開始了。

英機投下了照明彈，攜帶炸彈的飛機開始攻擊機庫、油罐、碼頭設施及驅逐艦和巡洋艦，其餘飛機直撲戰列艦。冒著雨點般的高射炮火，英軍的「劍魚式」飛機投下了魚雷，三枚命中目標。這時，塔蘭托港如同一個捅翻了的馬蜂窩，魚雷、炸彈、高炮的轟鳴響成了一片。

二十三時十分，第二批英機又飛抵塔蘭托，其中五架帶有魚雷。英軍故技重施，超低空接近目標投雷，又有兩枚命中。投完炸彈和魚雷後，英機返航，塔蘭托的高射炮仍起勁地射擊著！

當十二日的太陽升起來時，餘煙未盡、人聲嘈雜的塔蘭托港失去了往日的風采。六艘戰列艦有三艘被擊中，「利托里奧號」被三枚魚雷擊中，受到重創；「卡伊奧·杜里奧號」被一枚魚雷擊中，被迫搶灘坐沉海底；「加富爾號」被一枚魚雷擊中，進水後沉沒。

另外，重巡洋艦「塔蘭托號」被擊傷，還有二艘驅逐艦也受到了損壞。義大利海軍僅死亡四十人，但失去了一半戰列艦！空襲中，高炮部隊一共發射了一二一六三枚炮彈，但僅擊落了一架英機。

在現代戰爭中，發揮空軍優勢，利用速度來打擊敵人已經成為主流，尤其是在局部的戰場上，集中強大的空襲力量能有效地戰勝敵人，收奇襲之效。

「沙漠之狐」以速度取勝

英軍因為隆美爾指揮作戰靈活，能夠根據沙漠地形、氣候與特點用兵，常常以少勝多，從被動變為主動，因而稱他為「沙漠之狐」。

一九四一年初，義大利在北非戰場上節節敗退，兩個月之內被英軍殲滅二十個師。一九四一年二月六日，德國決定派軍隊援救，隆美爾被任命爲援救義軍的德國非洲軍軍長。

從二月十一日起，隆美爾開始到非洲瞭解情況，不久得知敵方一個新的變動：英軍王牌第七裝甲師撤回埃及進行休整和補充，該戰區由剛從英國調來的第二裝甲師的一半兵力接管；澳軍第六師也調換成了第九師，但該師有一部分兵力因補給上的困難還未開到前線。

英軍之所以敢這樣做，是因爲他們認爲德國前來支援的兵力很少，不敢貿然行動。與英軍的想法恰恰相反，隆美爾沒有等待德軍全部到齊，便利用英軍調防、輕敵的有利時機和條件，採取了大膽的進攻行動。

此時，德軍第五戰軍團和義大利軍隊的一個師已經開到前線。三月十五日，隆美爾把德國和義大利的軍隊組成混合縱隊，從塞爾提向莫爾祖赫發起進攻，迅速向南挺進了四五〇英里。這次行動，給了英軍意想不到的打擊，同時還爲以後的進攻打下了基礎。

三月二十四日清晨，隆美爾又指揮德軍攻佔艾阿格海拉地區的要塞、水源地和飛機場。英軍被迫撤到阿吉打比亞地區，並立即佔領了可以控制這一帶高地的梅爾沙隘道，以及比爾鹽水沼地以南的高地，在那裡構築工事，準備固守。

這時，隆美爾面臨的問題是，等待兵力在五月底到齊之後再進攻，還是馬上就行動。如果等待後續部隊到齊再行動，那麼就急需解決水源問題，因爲佔領地區的水源已經枯竭，同時還會使英軍利用這段時間構築起堅固的工事，結果將使德軍付出更大的代價。另一個辦法，就是用現有兵力繼續向梅爾沙隘道進攻，一鼓作氣擊敗敵人。

隆美爾決定不給英軍喘息機會，以最快的速度進行攻擊。

三月三十一日晨，英軍立足未穩，德軍開始向梅爾沙隘道發起攻擊。雙方經過一天的激戰，德軍於傍晚佔領了該隘道。

第二天，德軍又向阿吉打比亞發起攻擊，也僅用了一天的時間便佔領了阿吉打比亞四周的地方。在這次戰鬥中，隆美爾為了不讓敵軍知道自己的實力，用汽車改裝成許多假戰車，迷惑了敵軍，收到良好的效果。

隆美爾靈活使用機械化部隊，不給敵軍喘息機會，不到一個星期，英軍就從昔蘭尼加的東界後退四百英里，只剩下了一支被圍困在托卜魯克的部隊。英軍因為隆美爾指揮作戰靈活，能夠根據沙漠地形、氣候與特點用兵，常常以少勝多，從被動變為主動，因而稱他為「沙漠之狐」。

三巨頭命繫一瞬間

湯普森詫異地發現，霍克頭部中了一槍，死了，身邊有一把手槍；而那個侍者的喉管上中了一根毒針，也死了。盤子的底部有一枚小型定時炸彈，好險！

一九四三年十一月三十日，美國總統羅斯福、蘇聯統帥史達林等三十四位各國貴賓應邀出席英國首相邱吉爾的六十九歲壽辰，擔任宴會保衛工作的是邱吉爾的侍衛長湯普森。

湯普森對所有的貴賓都進行詳細調查，發現羅斯福總統的私人秘書霍克曾與蓋世太保的特務有過接觸。湯普森將此事通知了羅斯福的侍衛長鮑傑、史達林的衛隊長米雅夫，但苦於沒有證據，基於外交禮節，沒有對霍克採取任何行動。

宴會開始後，湯普森的目光片刻不離霍克。霍克坐在秘書們之中，坦然又彬彬有禮。但是，閱歷豐富的湯普森不久便發現了一個問題：每當有侍者出現在門口時，他都要抬頭看一看。

湯普森大吃一驚，霍克似乎是在等人！倘若他的同夥是一名侍者，那問題就複雜多了。湯普森正在考慮對策，霍克突然離開了座位，走到餐廳的最後一道門邊坐了下來。

湯普森立刻向霍克走去，但是，餐廳的南門吱呀一聲響驚動了他。他扭頭望去，只見一名侍者端著一大盤盛有布丁、霜淇淋的杯子走入餐廳，剎那間，侍者的臉上現出痛苦萬分的神色，踉蹌著要向一邊栽倒，霍克立刻站了起來……

令湯普森驚訝的是，鮑傑嘴裡嚼著東西，也擠了過來，好像要到這邊來找點什麼好吃的。侍者身子一歪，把一大盤的布丁、霜淇淋全傾倒在鮑傑的身上，弄得鮑傑全身紅一塊白一塊的。

來賓們見狀，不禁哄堂大笑。

就在這一瞬間，宴會廳內停電了。幾乎與此同時，砰！砰！槍聲在黑暗中炸響。

湯普森驚呼：「抓住那個侍者！當心他的盤子！」同時，竄到霍克和侍者身邊。

在一片混亂中，保鏢們擰亮了手電筒，三位領袖都平安無事，米雅夫舉著手槍，緊緊地護衛在史達林身旁。

湯普森詫異地發現，霍克頭部中了一槍，死了，身邊有一把手槍；而那個侍者的喉管上中了一根毒針，也死了。

湯普森急忙拿起地上的盤子，盤子的底部有一枚小型定時炸彈，指針指在十二點上。湯普森看了一眼手錶，十一點五十七分！他立即小心地拔出炸彈的引信。

好險！

但是，湯普森一直沒有弄清楚：是誰口吐毒針幹掉了侍者？又是誰開槍幹掉了霍克？這眞是一個未解之謎。

震驚世界的「寶石行動」

這是「紅色旅」最成功的一次行動，但也是最失敗的一次行動。由於殺害了深受愛戴的莫羅，「紅色旅」從此走向了衰敗。

義大利的「紅色旅」是早期著名的恐怖組織之一。「紅色旅」最兇猛和最大膽的行動是劫持義大利總理莫羅，這一行動的代號是「寶石行動」。

「寶石行動」的指揮者是一名楚楚動人的金髮女郎——安娜，她與「紅色旅」的創始人、領導者庫喬是就讀於特倫多大學時的同窗摯友，劫持莫羅的目的是爲了用莫羅做人質，交換被關押在監獄中的庫喬。

莫羅是義大利天主教民主黨主席，數次出任總理，在義大利政壇上舉足輕重。

對於這樣一位重要的領袖人物，義大利警方當然要「重點保護」，他們多次勸告莫羅要乘坐防彈車，要減少與外人接觸，但莫羅都一一拒絕了。

「寶石行動」定於一九七八年三月十六日。

八點三十分，莫羅與愛妻吻別，登上了他的轎車。警官里奇坐在司機旁邊，還有四名保鏢坐在隨後的轎車裡。

里奇警官接受過反恐怖特別訓練，在羅馬高級反恐怖小組的考核中，從拔槍、裝彈、射擊只需〇．七秒的時間！

莫羅的轎車一啓動，「紅色旅」的情報員立刻用無線電通知埋伏在瑪利奧夫尼街和斯特里大街交叉處的安娜，她率領的特別行動小組化裝成義大利航空公司的雇員等候在那裡。

當莫羅的菲亞特汽車沿著斯特里大街疾馳時，一輛白色的旅行車突然從小巷中駛出，擋在莫羅的車子前面。里奇警官見旅行車掛著外交牌照，便沒有多想——其實，這是「紅色旅」從委內瑞拉大使館偷出來的。

菲亞特駛到兩條大街的交叉處時，里奇看見路旁站著四個穿著航空公司制服的人，手中各拎著一個大旅行包，似乎是在等候去機場的班車。突然，前面的旅行車猛地煞住，里奇身邊的司機急忙煞車，里奇毫無防備，腦袋撞在擋風玻璃上。

剎那間，四名穿航空公司制服的人打開旅行包，拿出衝鋒槍，閃電般衝到莫羅的菲亞特車前。里奇伸手去摸槍，但遲了！安娜一槍托擊碎擋風玻璃，掉轉槍口向里奇吐出一串火舌，這位只需〇．七秒即可拔槍射擊的警官，連哼也未哼就死去了。

莫羅的司機幾乎同時倒在血泊中。

莫羅車後的四名保鏢剛剛推開車門，就被暴風雨般的子彈擊倒在地。

爲了這一天，安娜等人已訓練了好幾個月。

一九七八年五月七日晚十時，莫羅被「紅色旅」殺害。

這是「紅色旅」最成功的一次行動，但也是最失敗的一次行動。由於殺害了深受人民愛戴的莫羅，「紅色旅」從此走向了衰敗。

機動靈活出奇制勝

拉第埃被譽為空中巴士公司的「推銷突擊隊員」。短短五年之內，就為空中巴士公司奪取世界四分之一的客機銷售市場，成功的奧秘就在於一個「奇」字。

「空中巴士」公司是法國、德國和英國等國家聯合經營的飛機製造企業，總部設在法國的圖盧茲。該公司生產的客機性能優良，但是一九七〇年代剛創辦時，外銷業務一時難以打開。為了改變這種被動局面，公司決定招聘能人，把產品打入國際市場。

貝爾那．拉第埃正是在這種情況下，於一九七五年被「空中巴士」公司聘用。當時，世界經濟由於石油危機而出現大衰退，各大航空公司都很不景氣。

拉第埃走馬上任後，遇到的第一個棘手問題是和印度航空公司的一筆交易。當時，這筆生意未被印度政府批准，大有落空之勢。他得到消息後，便匆忙趕赴新德里，談判對手是印度航空公司主管拉爾少將。

與拉爾會面後，拉第埃對他說：「謝謝您讓我在生日這一天又回到了我的出生地。」隨後，拉第埃介紹了自己的身世，說他於一九二九年三月四日出生於加爾各答，當時他父親任法國米歇林公司駐印代表。

拉爾聽後很受感動，當即請他共進午餐。萬事開頭難，拉第埃見首招奏效，就趁熱打鐵，從公事包裡取出一張相片遞給拉爾看，並問：「少將先生，您看這照片上的人是誰？」

拉爾驚訝地說：「這不是聖雄甘地嗎？旁邊的這個小孩是誰？」

拉第埃說：「那就是小時候的我。我三歲時隨父母離開印度去歐洲，途中有幸和聖雄甘地同乘一條輪船。」

拉爾聽後，對拉第埃更產生了好感。不久之後，這筆生意就談成了。事後，拉爾說道：「帶聖雄甘地的照片前來向我兜售飛機，這眞是破天荒第一次，讓我無法拒絕了。」

拉第埃認爲，推銷員要信任客戶和瞭解客戶，和他們建立親密的關係，做生意要機動靈活。

一九七七年初，美國東部航空公司老闆包曼想買二十三架飛機，但由於銀行反對，談判陷入僵局。拉第埃提出，可以借給包曼一架飛機，進行爲期六個月的營業試飛，條件是包曼必須出六百萬美元，爲該公司的飛機在美國行銷廣告。

協定達成後，只經過二個月的試飛營業，東部航空公司賺了錢，原先反對這筆生意的銀行家們也改變了立場。銷售不成便變爲先借後銷，正是依靠這種靈活的手法，終於使空中巴士公司打入了美國市場。

一九七九年，拉第埃創紀錄地爲空中巴士推銷了二三〇架飛機，價值四二〇億法郎，使該公司繼美國波音公司之後，成爲西方第二大民用飛機製造公司，他本人也被譽爲空中巴士公司的「推銷突擊隊員」。

拉第埃在短短五年之內，就爲空中巴士奪取了世界四分之一的客機銷售市場，成功的奧秘就在於一個「奇」字。

按一般推銷員的做法，飛機這種昂貴的商品似乎只能通過比較正式的談判，在嚴肅的氣氛中達成協議。拉第埃卻違反常規，利用自己與印度人十分敬重的聖雄甘地的合影，表達自己對印度的深厚感情，以此感動談判對手拉爾少將，使一樁幾乎夭折的生意起死回生，並趁機打進了印度的客機市場。

在與美國東部航空公司的談判中，拉第埃也以先借後銷的奇招獲得了勝利。拉第埃善於根據形勢的變化和工作的需要，靈活地採用各種有效的促銷手段。他敢於突破常規，敢於用前人未曾使用過的手段來實現自己的目的。正因爲拉第埃敢於出奇，善於出奇，才創造了一年成交二三〇架飛機的奇蹟。

在變幻莫測的商場爭戰過程中，應該學會隨機應變，並應當機立斷，以免貽誤時機。困頓之際，要善用超常規思維方式以奇制勝。換一個角度來解決問題，也許就會收到起死回生、柳暗花明的奇效。

搶先一步以快取勝

搶先一步的目的，是為了最大限度地爭取市場。必須學會適應日新月異的變化，路透夫婦經營新聞事業的成功，正是由於他們看準了「快」的重要性。

一百三十多年前，路透社創辦之時，只是一家夫妻經營的新聞社，和當前的興盛景況不可同日而語。

一八五〇年，路透夫婦來到倫敦，在兩間租來的房間裡宣佈正式創辦路透社。工作人員除了他們夫婦兩人外，只有一名十二歲的辦事員，規模小得可憐，影響力也微乎其微。路透整天思考著該如何打開局面，擴大影響，最終獲得公眾對自己這家新聞社的認可。

當時，正處在資本主義上升時期，資本活動、商業經營和金融事業正日益活躍並複雜化，各式各樣的商業和金融資訊日趨重要。路透夫婦看準了這個趨勢，利用英法海底電纜正式起用的有利時機，廣泛收集和彙編各種商業、金融消息，以《路透社快訊》的形式發售給交易所、銀行、股票商、投資公司、貿易公司……等等金融機構。

由於路透社提供的消息及時、準確，頗受歡迎，到一八五二年，它的《快訊》已在歐洲聲名遠揚。在競爭過程中，路透社逐漸形成了自己傳播新聞的特徵：快、新、準。

一八五三年俄土戰爭爆發，第二年擴大爲克里米亞戰爭，路透社把它視爲最重大的新聞，並做了盡可能詳盡的報導，使英國社會及時瞭解戰爭的情況。這既使人們加深了路透社「快、新、準」的印象，也大大提高了它的地位。

一八六五年四月，美國總統林肯被刺，路透社搶先報導了這一重大消息。經過這一系列不懈的努力，路透社終於奠定了國際新聞報導中的重要地位。從此，它的影響不斷擴大，終於成爲最主要的新聞通訊社之一。

搶先一步的目的，是爲了最大限度地爭取市場。

高明的經營者和領導者，必須學會適應日新月異的市場變化。路透夫婦經營新聞事業的成功，正是由於他們看準了「快」的重要性，贏得了信譽，從而走上了成功之路。

「蜜蜂軍團」幫助松下集團渡過難關

「蜜蜂軍團」定期彙報各種動態，使松下集團的決策人能隨時瞭解全集團公司的狀況，便於做宏觀的控制、指揮。

「蜜蜂軍團」是日本松下集團年輕研究技術團的別稱。一開始，「軍團」由二十二名年輕技術幹部組成，他們都是大學畢業，且有擔任五、六年主任級工作職務的經驗。

任何一個企業的成功，都是不斷掃除前進道路上的障礙後取得的，松下集團也不例外。隨著企業不斷擴大，松下也一度陷入機構龐大、人浮於事、指揮不靈的困境，「蜜蜂軍團」就是爲了克服上述問題而應運誕生。

「蜜蜂軍團」是聯繫松下集團生產總部和事業部的樞紐，具體做法是：軍團成員每兩個人組成一個小組，巡迴到松下集團公司內的一百六十個事業現場，直接參與生產。

蜜蜂軍團的成員既與事業部長聯繫，又與工人、技術人員打成一片，把在實際生產中發現的問題與事業部長共同研討，制定出改革措施，寫明各項改革的步驟和達到的效果，經事業部長簽名後付諸實施。事業部長必須嚴格執行各項改革措施，並將工作進展情況及時上報公司的生產部，生產部則根據公司的具體情況向事業部下達指示。

「蜜蜂軍團」的二人小組完成在該事業部的任務後則轉向另一個事業部。這樣一來，松下集團的一百六十個事業部，各自的特點、優秀的管理方法、技術進步水準，就通過「蜜蜂」的作用相互交流，融會貫通。

「蜜蜂軍團」還定期向生產總部彙報各事業部的生產、銷售情況，以及幹部、員工的思想動態，使松下集團的決策人能隨時瞭解全集團公司的狀況，便於做宏觀的控制、指揮。松下能穩固發展到今天，「蜜蜂軍團」功不可沒。

【第3章】

合於利而動，不合於利而止

善於用兵的將領，能夠巧妙地使敵人處於被動，並且及時發現敵人的弱點，然後戰而勝之。用兵打仗必須以利益為原則，調動敵人最有效的辦法，就是攻擊對方最為關鍵的戰略要地，奪取對方最珍視的東西。

英國人摧毀西班牙「無敵艦隊」

損失了六十多艘戰艦後，「無敵艦隊」從此一蹶不振。為了爭奪海上的軍事優勢，英國不惜以巨大代價消滅西班牙艦隊，終於成為新一代海上霸主。

十六世紀下半葉，英國向海外推行殖民擴張政策時，遇到了海上殖民強國西班牙強力阻撓。西班牙擁有一支強大的「無敵艦隊」，擁有各類型戰艦一二八艘、火炮二四三〇門、水兵二萬多名。

英國女王發佈命令：「必須打敗無敵艦隊！」爲此，英國花費了大量資財，用了幾年的時間，組建了一支專門針對「無敵艦隊」的大艦隊。

英國艦隊擁有各類型戰艦和運動艦一九七艘，擁有火炮六千五百門，僅此兩項就遠遠超過「無敵艦隊」。爲了戰勝西班牙，英國又把原來的小口徑殺人石彈大炮改成了大口徑鐵彈火炮，還把重炮安置在主甲板上，在戰艦的兩舷開闢了炮孔進行射擊。

一五八八年七月二十日，英國艦隊在海軍總司令霍華德海軍上將親自指揮下，在艾地斯東和孚威之間的海面上發現了「無敵艦隊」，立即下令悄悄地向「無敵艦隊」逼近。

七月二十二日黎明，「無敵艦隊」統帥梅迪納突然發現大批英國艦船出現在自己的前面，連忙發出準備戰鬥的信號。但是，英國艦隊順風而行，未開戰就已掌握了戰爭的主動權。英國艦隊一陣猛衝，打亂了「無敵艦隊」的隊形，又用重炮轟擊，使一艘敵艦著火。

西班牙企圖以傳統的「接舷戰術」打垮英國，但英國艦隊的水手們靈巧地操縱戰艦，躲過試圖接近己方的「無敵戰艦」。戰鬥從黎明打到夜幕降臨，沒有一名西班牙士兵能登上英國戰艦。

此後一個星期，「無敵艦隊」邊打邊撤，英國艦隊邊追邊打，「無敵艦隊」完全處於被動挨打的局面中。

八月八日，英國艦隊在格拉夫林子午線上追上「無敵艦隊」。英國艦隊充分利用己方火炮性能優越、射程遠的特點，保持一定的距離向「無敵艦隊」轟擊。「無敵艦隊」火炮射程近，只能靠打「接舷戰」取勝，但英國艦隊的火炮根本不給他們打「接舷戰」的機會，「無敵艦隊」終於大敗而逃。僅此一戰，西班牙的「無敵艦隊」就被擊沉十六艘戰艦，而英方沒有一艘沉沒。

梅迪納在損失了六十多艘戰艦後，率領殘餘的艦船從北面繞過不列顛群島，退回西班牙。「無敵艦隊」從此一蹶不振，英國一躍成爲海上殖民霸權。

爲了爭奪海上的軍事優勢，英國不惜以巨大代價消滅西班牙艦隊，終於成爲新一代海上霸主。

利用貪財心理設置的騙局

故事中的老頭利用店主貪財的心理，故意用假銀以多換少，白賺了狠心店主九千錢，整齣騙局虛虛實實、真真假假，實屬高明的騙術！

舊時，南京北門有家錢店，老闆吝嗇貪財，別家店一兩銀子換一千銅錢，他這裡只換九百錢。

一天，有個老頭拿著幾兩銀子到錢店換錢，故意和店員爭論銀子的成色優劣，嘮叨個沒完。這時候，有個年輕人走進了錢店，一面向老頭深施一禮，一面口裡叫著：「老伯！」

老頭對這年輕人似乎有些陌生，還沒等他詢問，那年輕人便說：「令郎在常州經商。託我捎書信及銀兩給老伯，我正要到府上去，不想在這裡遇到您老人家。」說罷將銀兩、書信交給老頭，做個揖就出了錢店。

老頭拆開信，對錢店主人說：「我老眼昏花，請您給我念一下。」

店主接過信來念給老頭聽，信中大部分是家常瑣事，結尾說：寄上紋銀十兩，作爲您的生活費。

老頭聽罷，眉開眼笑說：「剛才我那幾兩銀子還給我吧，也別論成色了。我兒子寄的銀子，信上言明是十兩，就拿這十兩銀兌換錢吧！」

錢店主人接過銀子一秤，不是十兩，而是十一兩三錢，心想：「這可能是老頭子發信時倉促，多寄了一兩三錢，我可將錯就錯，多賺這一兩三錢！」於是，便收下銀子，換給老頭九千文錢。

老頭拿了錢，高高興興走出了錢店。

不一會兒，有個顧客對錢店主人說：「老闆，您沒發現自己上當受騙了嗎？」

錢店主人說：「怎麼受騙了？」

那人說：「這老頭是個老騙子，他用的是假銀子。我一看他來換錢，便替您擔心。當時因爲他在您店裡，我不敢明說。」

錢店主人把老頭留下的銀子割開一看，果然裡邊是鉛胎，外邊只鑲了一層銀子。他心裡十分懊惱，對這位不相識的客人再三道謝，並詢問那老騙子的住址。顧客說：「老頭的家距此地十幾里，現在還追得上。但因我是他的鄰居，他要知道我揭了他的老底，肯定會報復我。我只能告訴您他家門的方向，您自己去追。」

錢店主人拿出三兩銀子，請這顧客一起追，顧客才勉強同意。

兩人追到漢西門外一家酒店，看見老騙子把錢攤在櫃子上，正和幾個人飲酒。那顧客用手一指說：「就是這兒，您趕快進去抓住他。我走了！」

錢店主人闖進店裡，抓住老頭就打，還罵道：「你這老騙子，竟敢用十兩鉛胎換我九千錢！」

這時，那幾個飲酒的人都圍過來問是怎麼回事。老頭說：「我拿的是現銀十兩，他硬說我用假銀換錢，那就拿出來給大家看看吧！」

錢店主人把老頭的假銀子拿出來給在場的人看，「這就是他的假銀子！」

老頭笑道說：「這不是我的銀子。我的銀子正好十兩，不信你們秤秤。」

這時，酒店裡的人把假銀拿去一秤，果然不是十兩，而是十一兩三錢。於是，眾人大怒，一齊責問錢店主人。

錢店主人明知上了老頭的當，但啞巴吃黃連，有口說不出，還遭眾人一頓毒打，後來答應備辦酒席請客，給老頭賠禮道歉，才從酒店脫身。

故事中的老頭利用店主貪財的心理，故意用假銀以多換少，白賺了狠心店主九千錢，整齣騙局虛虛實實、眞眞假假，實屬高明的騙術！

當鋪老闆設下圈套

當鋪老闆在宴會上打碎另外仿造的一件玉器，故意將此事弄得人盡皆知，終於引騙子上鉤，挽回了巨大的經濟損失。

明朝時，紹興有家當鋪，管事收下一件價值一千兩銀子的古玉器。不料，經老闆仔細辨認後，斷定是件贗品。

騙取銀子的典當者肯定不會來贖回贗品，該怎麼辦呢？老闆前去請教謀士徐文長，徐文長教了他一條妙計。

幾天後，當鋪老闆備下豐盛酒席，宴請當地名流和同行。酒過三巡，老闆聲稱要向客人展示一件稀世珍寶——古玉器。不料，當管事急急忙忙把玉器拿來，竟不小心跌倒，將玉器摔得粉碎。老闆頓時大怒，一面嚴厲斥責管事，一面心痛地將玉器碎片收起來。

宴會後，這件事傳遍了紹興大街小巷，大家都在議論當鋪老闆摔碎價值千兩白銀的古玉器。

行騙得逞的典當者得知假玉器已經摔碎，高興萬分，心想：這下好了，還可以趁機敲當鋪一筆銀子。

當期到了，典當者便拿著一千兩銀子來到當鋪，贖取典當的玉器。管事看過當票，收點好一千兩銀子之後，從鋪內取出那件假玉器物歸原主。典當者一看，果然是自己的那件贗品，頓時驚呆了。這時，他才恍然大悟，自己鑽進了當鋪老闆的圈套，只好抱著那件假玉器走了。

當鋪老闆在宴會上打碎另行仿造的一件玉器，故意將此事弄得人盡皆知，終於引騙子上鉤，挽回了巨大的經濟損失。

七百二十萬美元買下阿拉斯加

西沃德的遠見為美國創造了數不盡的財富。美國接手後不久，就在阿拉斯加就發現了金礦，到了二十世紀，在阿拉斯加又發現了北美最大的油田。

阿拉斯加州是美國的第四十九州，是美國政府用七百二十萬美元從俄國人手中買來的；位於北美洲的西北角，東臨加拿大，西連白令海峽，南面和北面是浩瀚無垠的北冰洋、太平洋。

最早發現阿拉斯加的人是丹麥航海家白令。一七二八年，白令奉俄國彼得大帝之令來到阿拉斯加，但由於天氣的原因，沒能登上這片陸地。白令的任務是探察亞洲大陸與美洲大陸是否相連，完成這一任務後便返航了。一七四一年，白令再次來到阿拉斯加，從南面登上了這塊被冰雪覆蓋的土地，不幸的是，返航時船隻觸礁而遇難。不久，俄國人登上阿拉斯加，從此阿拉斯加淪爲俄國的殖民地。

十九世紀二〇年代，美國大肆鼓吹「美洲是美洲人的美洲」，俄國人成了美洲人的「眼中釘」。此後，俄國又在克里米亞戰爭中敗北，在這種背景下，決心賣掉這塊「毫無價值」的冰雪之地。

經過多次秘密接觸後，一八六七年三月二十九日，俄國駐華盛頓使節多依克爾奉沙皇亞歷山大二世旨意，拜會了美國國務卿威廉·西沃德，希望就出賣阿拉斯加土地一事與美國政府舉行正式談判。

談判持續了一個夜晚，西沃德開價五百萬美元。多依克爾聳聳肩膀道：「太少了！閣下簡直是在開玩笑。」

西沃德問：「沙皇陛下想要多少？」

多依克爾道：「七百萬，絕對不能低於這個數目！」

西沃德皺著眉頭說：「太多了！關於購買這塊不毛之地，我已受到了不少的責難，我想，參議院是不會批准的。」

多依克爾絲毫不妥協，對西沃德說：「就這樣了，七百萬！外加二十萬美元的手續費——七百二十萬！」

西沃德哭喪著臉同意了。

西沃德的沮喪是僞裝的，但他所說的「責難」則是眞實的。當時，美國剛剛結束內戰，百廢待興，處處都需要用錢，而政府則幾乎是「一貧如洗」。因此，許多議員對購買這樣一塊貧瘠的土地很不滿意，紛紛指責西沃德「愚蠢之至」。

西沃德說：「先生們，我們應該把目光放遠一些，不要錯過上帝賜予我們的良機，如果讓俄國人把它賣給其他國家，我們會後悔莫及。爲了美國的長遠利益，我再重複一遍，爲了美國的長遠利益，我們不要吵了！」

最後，參議院終於拍板同意了。

西沃德的遠見卓識不僅爲美國增加了一個冰雪之州，更爲美國創造了數不盡的財富。美國接手不久，就在阿拉斯加就發現金礦，隨即掀起了「淘金」的浪潮。到了二十世紀，在阿拉斯加又發現了北美最大的油田，產量佔美國全國石油總產量的七分之一。

川普的財富煉金術

在現代經營中，利益的驅動常使人們不顧一切地進行投機活動，其中勝敗皆有，而川普巧妙投機房地產獲利，手法實在高明！

美國總統川普是當代美國最知名的房地產投機商，也是紐約市的建築業鉅子，年僅四十一歲就成了擁有八．五億美元的富翁。

川普總是把生意人的精明用到極處，他的第一個絕招是：「只要你能以低價買進一塊好位置的地皮，就該你發財了。」

七○年代中期，川普聽說泛美鐵路公司打算把紐約中央車站附近的一幢老舊旅館賣掉，憑敏銳的商業嗅覺，他知道那塊地皮所在位置相當不錯。於是，他就對那家旅館的經理人宣稱，那賠錢貨不會有人問津，最後以二十五萬美元取得市價一千萬美元的訂約權，把旅館先抓到手。

那時，紐約市財政拮据，川普便對市長說，只要在四十年內免收這座建築物的房地產稅，就可以從這筆交易中收回六百萬美元的稅款，而且由於他接辦旅館，會給紐約市提供上千人的就業機會。

他又去找銀行，說市政府正跟他做一筆免稅的交易，倘若銀行不貸款投資，就會白白失掉一個發財機會。

爲了增加自己的信譽，他請來了一位知名建築師，要他在那塊地皮上設計出一座超級豪華大旅館。

等到市政當局要開會討論此事之前，他請那家旅館的經理人向記者宣佈旅館快要關門。這招可眞靈，市政府同意了這筆交易，川普得到一筆紐約市有史以來最大的房地產稅豁免，又從銀行得到八千萬美元貸款。

按照這筆交易，他每年付給市府二十五萬美元，累進到第四十個年頭，一共應交納二七五萬美元。可是，按稅法規定，這座翻修一新的大樓應交的房地產稅每年高達九百萬美元。

也就是說，在整個合約期內，僅免稅一項就讓川普省下了三．五億美元，而到新旅館開張之後，營業額與日俱增，旅館成了川普王國的金雞母。

在現代經營中，利益的驅動常使人們不顧一切地進行投機活動，其中勝敗皆有，而川普巧妙投機房地產獲利，手法實在高明！

趙高掌權剷除異己

一幕幕剷除異己的慘案開始了。趙高掌權，秦始皇時期除李斯之外，所有的功臣、大將及諸公子都被殺完了，整個咸陽城成了大監獄。

趙高是中國歷史上臭名昭彰的太監之一，崛起的關鍵是在秦始皇死後，策劃沙丘之變，擁立胡亥爲帝。

胡亥當上皇帝之後，自然對趙高感恩戴德、言聽計從，而趙高認爲自己有功於二世皇帝，必須嚴嚴實實地控制好這個寶貝，以滿足自己的需要。但是，他也不是沒有隱憂。

首先，他感到沙丘之謀雖然封鎖得嚴密，但紙終究包不住火，一旦洩密，自己便是罪魁惡首，難逃千刀萬剮、株連九族之禍。

其次，丞相李斯雖是同謀，但首犯是自己。李斯是一個富有謀略的人物，要是他反戈一擊，該怎麼辦呢？加上滿朝文武大臣雖不敢公開質疑，但竊竊私議者比比皆是，又將如何對付呢？

趙高為了使眾人相信胡亥是始皇帝親自選中的繼承人，把胡亥打扮成最大的孝子，慫恿他為始皇舉行了空前隆重的葬禮，並按始皇生前遺願，把遺體埋葬在役使七十餘萬刑徒、經營了幾十年的驪山之下。接著，趙高又慫恿胡亥沿著當年始皇出巡的東線巡遊，表示繼承始皇的遺志，結果，這支隊伍「彌山遍谷、輦道相屬」，竭盡窮奢極欲之能事。

胡亥雖然過上了荒淫無度的生活，卻仍不安分。一天，他見到趙高，說道：「一個人活在世上，就像幾匹馬拉著車子穿過洞穴那麼快，實在是太短暫了。現在，天下既然是屬於我的，我『欲悉耳目之所好，窮心志之所樂』，『長有天下，終吾年壽』，你看有什麼好辦法？」

趙高為了架空胡亥，巴不得把他引上不問政事的享樂之路，好剷除異己，於是趁機進言道：「陛下啊，沙丘之謀，諸公子及大臣們都在懷疑。您應該想到，諸公子都是您的兄長，現在屈居於您之下，跪拜稱臣，他們會甘心嗎？大臣們都是先帝時安排的，現在得不到擢升和重用，他們會樂意嗎？蒙恬兄弟雖囚未死，他們能不採取行動嗎？想起這些，我戰戰兢兢，生怕有什麼不測，這些障礙不拔除，陛下又怎能安安穩穩地過上快樂日子呢？」

對趙高的這些分析，胡亥深表同意，便問：「既然這樣，我們將怎麼辦呢？」

趙高胸有成竹地說：「依我看，目前只有制定嚴刑峻法，把那些心懷不滿的大臣一個個拉下去滿門抄斬，株連九族，使之不留後患。至於對陛下的兄長們，也應該採取疏遠的態度，然後再逐個打擊。如果這步棋成功了，再採用『貧者富之，賤者貴之，親信者近之』的辦法，提拔一批親信，安置到主要的崗位上去管理一切，指揮一切。到那時，陛下就可以高枕無憂，肆意玩樂了！」

胡亥對趙高這一套誅鋤異己的建議毫無異議，全盤採納，並給他施展詭計提供種種方便。於是，一幕幕剷除異己的慘案開始了。

趙高平時「日夜毀惡蒙氏，求其罪過，舉劾之」，現在條件已經成熟，開斬的第一個便是蒙恬、蒙毅兄弟。

蒙氏兄弟死後，趙高把謀殺的刀鋒轉向在朝的大臣們及諸公子。將軍馮劫和右丞相馮去疾，因受不了屈辱而自殺了。其餘大臣，撤的撤，殺的殺，剩下的爲了保全自己的性命，誰還敢議論朝事呢？於是，趙高趁機安插了大批親信，他的兄弟趙成當了中車府令，他的女婿閻樂當了咸陽縣令，其他如御史、謁者、待中等官，都換上了趙高的人。

緊接著，趙高便把屠刀揮向諸公子，殺死了胡亥的十二個兄弟。

這一來，秦始皇時期的重臣，除李斯之外，所有的功臣、大將及諸公子都被趙高殺完了。整個咸陽城，成了「大吏持祿取容，黔首振恐」的大監獄，趙高就是這座大監獄的總管。

太監曹吉祥發動兵變

曹吉祥一家發動的兵變，一夜之間被鎮壓。曹吉祥以參與宮廷政變而得到明英宗寵信，結黨營私，陷害朝臣，專權於一時，最終又以謀反斷送身家性命。

明朝太監曹吉祥本是王振的餘黨，頗得明英宗好感，後來與石亨、徐有貞聯合，發動奪門之變，使英宗復辟，景帝退位。因此，在英宗復辟後，曹、石、徐三人就成了朝廷的新貴。

曹吉祥備受英宗青睞，掌管司禮監，他的嗣子曹欽爲都督同知，不久進封爲昭武伯，侄子曹鉉、曹鐸、曹璿都當上都督。由此，明朝開了宦官子弟封爵的先例。曹吉祥「門下廝養冒官者多至千百人，朝士亦有依附希進者」，權勢與當年的王振相比，毫不遜色。

曹、石、徐三人既狼狽為奸，又勾心鬥角。天順初年，御史楊瑄奉命巡視河間地區，當地百姓向他陳訴曹吉祥和石亨搶奪民田之事。楊瑄核查之後，上疏英宗，「並列二人怙寵專權狀」。

英宗見楊瑄敢言曹、石二人之過，便對大學士李賢、徐有貞稱讚楊瑄是「眞御史」，並讓吏部擢升楊瑄。曹吉祥聽說後，怕楊瑄一旦升職對他不利，急忙到英宗面前大講楊瑄的壞話，要求將其治罪，但英宗沒有同意。

不久，山東發生饑荒，朝廷調撥款項賑濟災民。英宗召見李賢和徐有貞商議賑濟之事，沒有召見曹吉祥和石亨。曹、石二人這時屢遭朝臣彈劾，懷疑李賢、徐有貞與他們作對，於是不斷地在英宗面前大進讒言，使得李賢、徐有貞下獄。

徐有貞、李賢被排擠出朝廷後，曹吉祥、石亨二人互為表裡，干預朝政，把一大批年輕有為、敢於直言的朝官排擠出朝廷。

曹、石二人橫行霸道，日益引起朝臣不滿。石亨私建奢華府第，侄兒石彪倚仗權勢，四處為非作歹，並豢養謀士、猛將幾萬人，這些不法行為，終於被人揭穿。

石亨自知罪責難逃，決意發動兵變，但沒有成功，被逮捕入獄，不久死於獄中，侄兒石彪也被處斬。

曹吉祥早就心懷異志，夢想有朝一日成爲君主。曹吉祥掌管朝廷中樞機構司禮監，可以隨意出入宮廷；其子侄都握有兵權，身邊又有一批奸佞之徒趨炎附勢，更令他野心勃勃。

有次，曹欽問他的黨羽馮益：「從前有宦官子弟當皇帝的嗎？」馮益回答：「將軍的本家魏武帝曹操不就是嗎？」

過了很久，曹家的一些事情傳到明英宗耳中，英宗開始對曹吉祥一家有所注意。這時，被排擠出朝的李賢又被召回朝廷，李賢向英宗進言，說參與奪門之變的幾個人都懷有個人目的，勸英宗防範。

明英宗前思後想，覺得這幾個人得勢後，背著他幹了許多不法事情，於是有所醒悟，對曹吉祥開始疏遠。

天順五年七月，曹欽的家僕曹福來因得罪曹家出逃，被曹欽派人捕獲，私刑打死。朝臣將此事告訴了英宗，英宗便以此爲藉口，令錦衣衛指揮逯杲嚴查此事，並下詔諭告群臣，不准臣下自行其是，干涉法典。

聖諭頒佈，曹欽非常驚恐，對家人說：「上次皇上降旨，便捕了石亨，這次恐怕要輪到捕我們了。」

曹欽急忙找曹吉祥商量對策。曹吉祥也深知大禍臨頭，與曹欽商定，由曹欽領兵衝入皇宮，他在宮內領禁軍接應，一舉廢了英宗。

到了行動當天夜裡，曹欽把一夥亡命之徒召到家中吃酒，向他們宣佈舉事的計劃。其中一個叫馬亮的人，害怕事敗禍及自身，悄悄離席溜了出來。當時，懷寧侯孫鏜奉命聚集的征西大軍還沒有出師，馬亮跑到朝房，把曹欽要在當夜發動兵變的事告訴恭順侯吳瑾。吳瑾馬上催促孫鏜由長安右門入宮奏稟明英宗。英宗得知，急令人將曹吉祥逮捕，並命令關閉皇宮四門和京城的九個大門。

曹欽發現馬亮溜走，知道事情不妙，急忙率衆攻打西長安門。然而此時宮內禁軍早有準備，曹欽等攻不進去，便縱火燒門。守門禁軍拆河壩磚石，把宮門堵塞，使曹欽等人只能在外面亂轉，不得入內。

曹欽又奔往東長安門，路上與吳瑾相遇，當即殺了吳瑾。他們在東門口縱火燒門，門被燒毀，但門內守兵卻在門裡堆了大量木料，門毀木料引燃，火焰熊熊，曹欽的人馬根本進不得門去。

這時，孫鏜派出的兩個兒子已把西征軍集合起來，趕赴到宮門外與曹欽的人馬殺在一起。天將破曉，曹欽的人馬被殺得四散。孫鏜親統手下將士追殺曹欽諸兄弟，斬殺了曹鉉、曹璿；曹欽突出重圍，奔往城門，企圖逃走，但諸門緊閉，最後奔回家中，關門抵抗。孫鏜率兵追至曹家，破門湧入，曹欽投井自殺，曹鐸和其家人，不分老幼盡被屠殺。

曹吉祥一家發動的兵變，一夜之間被鎮壓。三天後，曹吉祥被處以分裂肢體的酷刑，其黨羽「湯序、馮益及吉祥姻黨皆伏誅」。

曹吉祥以參與宮廷政變而得到明英宗寵信，結黨營私，陷害朝臣，專權於一時，最終又以謀反斷送身家性命。

【第4章】

深入敵後

孫子認為，對敵發動戰略進攻時，必須大膽堅決地深入重地，以堅決果敢的行動迅速插入敵國腹地。為達到此目的，孫子主張大膽地進行無後方作戰，在敵國土地上就地解決給養問題，以確保進攻速度。

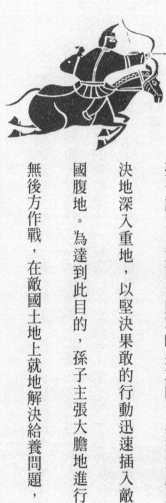

耿弇平定膠東

耿弇先以聲東擊西之計奪下臨淄和西安，再從策略上擾亂敵人後方，以計謀消其銳氣，擇機攻之，終於大破敵方。

《孫子兵法》認為，統率三軍的將領，既要大膽堅決，又要深思熟慮，必須巧妙靈活地變換戰術，以雷霆之威統御部屬，以鐵血之志蕩平敵人。

孫子以大量的篇幅闡述「投之亡地然後存，陷之死地然後生」的戰略思想，強調「聚三軍之衆，投之於險」，破釜沉舟，背水一戰，激發全軍必死的決心，才能取得戰爭的勝利。

漢光武帝劉秀推翻王莽的新朝政權後，派建威大將軍耿弇平定膠東張步的割據勢力。耿弇兵進西安與臨淄之間的畫中（西安城東南），駐紮了下來。

當時，防守西安的是張步的弟弟張藍，有精兵兩萬；防守臨淄的軍隊則有一萬餘人。西安城小，臨淄城大。

耿弇的部將荀梁建議耿先攻取西安，理由是：攻取臨淄，張藍必定前去增援；如攻打西安，臨淄守軍則不敢輕舉妄動。

耿弇有不同的想法，分析說：「張藍是否增援，取決於我們如何調動他。西安城小，但異常堅固，且有重兵防守，我軍攻城，必然要付出大的傷亡，即使攻破西安，如果張藍逃走，也是對我軍的威脅。臨淄雖大，兵力弱，我軍攻下臨淄，西安就是孤城一座，何愁不破！」

耿弇統合了諸將的意見，積極籌備攻取臨淄，同時又放出風聲：五天後攻打西安！張藍聞報後，立即調兵遣將，日夜加強西安的防護。

到了第四天，耿弇率領大軍於五更時分突然出現在臨淄城下，僅用半天時間就攻下臨淄。張藍見狀，果然擔心孤城難守，竟率軍逃出西安投奔張步，將一座堅固的城池白白扔給耿弇。

張步眼見自己連連失利，傾盡所有，親率二十萬大軍與耿弇一決死戰。耿弇兵微將寡，深知不可與張步硬拼，只可智取，便將主力隱蔽在臨淄城後，又命劉歆、陳牧二將引兵列於臨淄城下，然後親自出馬引誘張步出擊。

張步欺耿弇兵少，恨不得一口吞掉。耿弇且戰且退，張步則步步緊追，追到臨淄城下，劉歆、陳牧二將奮勇殺上前，與張步糾纏在一起，隱蔽在城後的主力大軍則突然向張步的側翼發起猛攻。張步慌忙回師，損失慘重。

張步遭到重創，士氣衰落，遂決定撤回老巢劇縣（今山東昌樂西北）。不料，耿弇探知張步的行動，預先設下埋伏，待張步退至埋伏圈時，伏兵驟然殺出。張步的士卒已成驚弓之鳥，聞風喪膽，耿弇乘勝追擊，直取劇縣，又追趕張步至平壽，逼迫張步投降，膠東從此平定。

耿弇先以聲東擊西之計奪下臨淄和西安，再從策略上擾亂敵人後方，以計謀消其銳氣，擇機攻之，終於大破敵方。

腓特烈大帝巧布巨蟹陣

腓特烈大帝取得勝利的關鍵，在於把正確的戰略和出色的戰術相結合，在敵強我弱、四面臨敵的不利條件下，選擇集中優勢兵力，攻擊敵人薄弱環節。

一七五七年是普魯士「七年戰爭」中處境最困難的一年，普魯士軍隊遭到來自四面八方近四十萬敵軍圍攻。

在西面，由李希留率領的十萬法軍和由蘇比茲元帥率領的三萬法軍，正向柏林逼近；在東面，八萬俄軍深入東普魯士境內，也打通了通向柏林的道路；在北面，瑞典軍隊一．七萬人已開始在波美拉尼亞登陸；在南面，由道恩元帥指揮的十萬奥地利軍隊，正大舉向北挺進。

普魯士幾乎陷於絕境。面對危局，普魯士國王腓特烈大帝並沒有認敗服輸，分析了不利的局勢，決定在敵軍還未達成最後的合圍之前，爭取時間首先殲滅諸路敵軍中最弱小的一支力量，即由蘇比茲元帥率領的三萬法軍，然後再相機行動。

於是，他讓貝芬公爵率領四萬餘人牽制住道恩元帥的奧地利軍隊，另以十萬金幣收買法軍指揮李希留公爵，使他率領的十萬法軍按兵不動，然後親自率領普軍精銳主力尋找蘇比茲決戰。

但狡猾的蘇比茲卻避免和普軍決戰，連連撤退。腓特烈大帝十分清楚，敵軍的包圍圈正逐漸縮小，若想不輸掉這場戰爭，最迫切的就是爭取時間，儘快取得一次會戰的勝利，以改善局勢。

於是，總數為二．二萬人的普軍尾追著蘇比茲軍的三萬人尋找戰機。然而蘇比茲卻一退再退，最後撤進布勞恩斯多夫堅固的營地內。

腓特烈發現敵人的新營過於堅固，強攻難以奏效，便主動退至羅斯巴赫，製造假象，誘使蘇比茲脫離他的營地。

蘇比茲的部下，原本倚恃自己的兵力優勢而趾高氣揚，不料卻被弱小的普軍追得一退再退，疲勞之苦和驕狂之氣使他們對於不斷撤退極爲不滿。如今看到腓特烈不戰而退，他們更加自信地認爲，普軍是虛弱的，是不堪一擊的，紛紛向蘇比茲要求進攻。

蘇比茲在將領們的強烈催促下，決定第二天立即開始進攻。就這樣，腓特烈大帝的「退卻行動」，不僅使蘇比茲最後下了會戰的決心，也成功誘使法軍放棄了堅固的陣地。

在羅斯巴赫，腓特烈布下了口袋陣。這是一個以炮兵陣地居中，以騎兵和步兵爲左、右兩翼的新戰陣。這個東西長而縱深淺的新戰陣，完全是攻勢型的佈置，就像張著大口，伸著長長雙臂的巨蟹。

驕狂的法軍本以爲普軍肯定會擺出防禦的陣形，做夢也沒想到等待他們的是一個張著血口的「巨蟹」。

腓特烈看到敵軍走進自己布下的戰陣，下達了攻擊命令。只見三十八個中隊、四千名精銳騎兵，以鋪天蓋地的威勢伴隨著地動山搖的呼喊，如同洪水猛獸一般壓向敵軍縱隊的右翼。

法軍縱隊立時像炸了窩一樣亂成一片，戰鬥隊形被炮火轟散。另有七個普軍步兵營在炮火掩護下，直插法軍的左翼，並用快捷猛烈的炮火射向敵軍。法軍陣形大亂，人馬擠成一團，自相踐踏。經過近三個小時的戰鬥，原野上擺滿了法軍官兵的屍體，落荒而逃的散兵四處逃命。

這場戰鬥中，普軍以五百餘人傷亡，斃傷敵軍七千七百餘人，俘獲五千餘人，繳獲大炮六十七門。更重要的是，這場勝利使普魯士得以解除了西面來自法軍的威脅，擊破了聯軍的包圍戰略。

腓特烈大帝取得勝利的關鍵，在於把正確的戰略和出色的戰術相結合。在敵強我弱、四面臨敵的不利條件下，他選擇了一條正確的戰略：集中優勢兵力，攻擊敵人薄弱環節。在決戰的戰場上，他又巧妙地採用引蛇出洞的戰術，把敵人引入自己的口袋戰陣。

英國強奪直布羅陀要塞

英國利用法、西兩國對直布羅陀要塞戰略地位的輕視，以及在該要塞防備的鬆弛，果斷加以奪取，正是「乘虛而攻」這個謀略的成功活用。

十八世紀初年，英國為爭奪霸權地位，與法國展開了西班牙王位戰爭。

一七〇四年，馬爾博羅指揮英、荷、德聯軍在歐洲大陸上多次打敗法軍及其隨從國的軍隊；與此同時，英國為了控制地中海，從海上威脅法國，在海上也採取了行動。

一七〇四年五月，英國趁著陸戰中連連獲勝的有利形勢，派魯克司令指揮一支強大的英荷艦隊進入地中海。魯克和克勞德斯利．肖維爾爵士率領的增援艦隊會合後，把目光轉向直布羅陀要塞。

這個要塞當時只是過往船隻的落腳點，法國和西班牙在此還沒有建立嚴密的防禦系統，但是，它扼守著地中海的門戶，奪取它對控制地中海有著巨大作用。

八月四日，在一陣炮擊之後，聯軍艦隊攻陷了直布羅陀要塞。這次勝利與布倫海姆戰鬥發生在同一個月裡，法國和西班牙兩國政府對於一個新的敵手進入地中海感到惴惴不安，因此，法國海軍傾巢出動，尋找戰機。在馬拉加附近，雙方進行了長期激烈的戰鬥，但未能取得優勢，法國遲遲未能攻下直布羅陀要塞。

一七〇四年冬和一七〇五年初，英荷守軍再次擊退了法軍的猛攻。之後，法國和西班牙在戰略問題上發生了矛盾，直布羅陀於是被英國長佔，成了奪取海上優勢的根本保障。

對於敵人防備空虛或力量薄弱的環節，趁機而攻取，運用的是「乘虛而攻」的謀略。兵法上說「如入無人之境，敵人還來不及抵抗就把它攻佔了」，指的就是這種情況。英國利用法、西兩國對直布羅陀要塞戰略地位的輕視，以及在該要塞防備的鬆弛，果斷加以奪取，正是「乘虛而攻」這個謀略的成功活用。

希特勒的阿登反擊戰

單純從軍事角度來分析，德軍的反擊戰略是成功的，抓住了對方的弱點，集中優勢兵力，出其不意發起反攻，奪取戰場上的主動權。

一九四四年秋，第二次世界大戰已接近尾聲，盟軍對德國展開全面反攻，但由於戰線過長，兵力不足，尚需重新調整部署。希特勒抓住這個機會，集中優勢兵力，孤注一擲地向盟軍最薄弱的陣線——阿登地區展開最後反擊。

希特勒看到當時形勢對自己很不利，只守不攻無異於坐以待斃。他冥思苦想，最後終於制定出一個大膽的作戰計劃：集中優勢兵力，出其不意發動反攻，突破盟軍的防線，直搗繆斯河；再分兵兩路，直插安特衛普和布魯塞爾，奪取艾森豪的主要供應基地，將歐洲盟軍切成兩半，一舉奪回戰略主動權，徹底解除德國西部邊境的威脅。

爲了調集兵力，希特勒下令全國實行「總體戰」體制，凡年滿十六歲到六十歲的男子，不准一人逃避兵役，強行組織了二十八個師（其中有九個裝甲師）的兵力，配備近二千五百輛坦克和重炮，以及三千架飛機。這是一支相當可觀的力量！

經過仔細考慮，希特勒選定位於盧森堡、比利時和德國交界處的阿登地區作爲反撲的突破口。這是一片茂密的森林地帶，全長八十五英里，是盟軍長達四五〇英里的戰線上防禦最薄弱的一段。

十二月十五日晚，濃霧籠罩阿登森林地區，大雪覆蓋著群山。在接連幾天的惡劣氣候掩護下，二十八個師的德軍悄悄進入了進攻陣地。美軍第一集團軍的兩個軍防守著阿登戰線，共有六個師（僅有一個坦克師），約八萬人。正在酣睡中的美軍官兵做夢也沒有想到，德軍的絕對優勢兵力正虎視眈眈地待命出擊。就是在盟軍最高統帥部中，也沒有人想到，窮途末路的德軍竟會突然發起兇狠的反撲。

一九四四年十二月十六日晨，當時針指向五時三十分整，密集的德軍大炮突然噴出兇惡的火舌，幾乎所有的美軍陣地都遭到猛烈轟擊。驚恐的美軍官兵慌亂地鑽出睡袋，爬進掩體。電話線早被炸斷，美軍待在掩體裡，根本不知道怎麼回事。炮擊剛一停止，數百架德軍探照燈唰地放光，美軍還沒反應過來，德軍的坦克履帶已經碾碎了殘存的美軍工事。

阿登前線的美軍被打得措手不及，幾乎全線崩潰。

從中線進攻的德軍進展神速，因爲在這裡防守的是正在休整補充的美軍和從美國國內剛調來的新兵。十二月十七日晚，美軍第一〇六師約九千人被德軍包圍，最後被迫全體投降，這是美軍在歐洲戰場上最慘痛的失敗。

在南線，德軍成功地建立起一道壁壘，保護著中線德軍的進攻。戰鬥剛打響，希特勒就命令黨衛隊分子奧托．斯科爾茲內指揮一個有二千人會講英語的德軍特種旅，身穿美軍制服，乘坐繳獲的美軍坦克和吉普車，僞裝成美軍潛入盟軍後方。

特種兵切斷交通線，殺死盟軍傳令兵，在交通要衝胡亂指揮美軍運輸，還散佈美軍司令艾森豪已遭暗殺、德軍獲得大勝的謠言。另外，一些小股部隊越過前線，控制了繆斯河上的橋樑，使德軍裝甲部隊主力順利通過。由於這些特種兵的破壞，美軍前線情報亂成一團。到十二月十八日晚，盟軍最高統帥部才搞清敵情，確定這是德軍的一次大規模反攻。

到這時爲止，在阿登戰役中，德軍佔盡優勢，盟軍付出了慘重代價。不料，當盟軍穩住陣腳，組織力量反攻時，希特勒卻犯了一個致命的錯誤，把初步取得的戰果化爲泡影。

當時，面對強大的盟軍，德軍只有迅速撤退才能免遭到圍殲，但希特勒聽不進任何有關撤退的建議，繼續下令向前推進，直到德軍付出高昂的代價後，才不得不下令撤退。

單純從軍事角度來分析，德軍的反擊戰略是成功的，抓住了對方的弱點，集中優勢兵力，出其不意發起反攻，奪取戰場上的主動權。但反擊戰貴在出其不意，同時要審時度勢，知進知退，才不致丟失取得的戰果。

趙高巧妙陷構李斯

通過一系列的精心策劃，李斯的罪名終於被趙高羅織而成。聽信趙高的威脅利誘而參與沙丘政變，李斯最後被腰斬於咸陽。

趙高誅殺異己，總攬大權後，還有一個人使他感到不安，這人便是李斯。

李斯知道沙丘之謀的內幕、如果不除掉他，這個陰謀隨時都有洩漏的可能。李斯的存在，也同樣成爲趙高攫取一切權力的障礙。因此，除掉李斯，顯得日益重要了。但要怎樣整治李斯呢？

趙高琢磨了許久，終於想出了一條毒計。

一天，他哭喪著臉來見李斯：「丞相啊，現在關東反叛的盜賊此起彼伏，但皇上壓根不放在心上，只知道修建宮殿，耽於享樂。我很想勸阻，但考慮到自己職卑位低，他是不會採納我的意見的。丞相是先帝時的重臣，說話很有分量，何不勸諫勸諫呢？」

李斯點頭稱是：「你說得對，我是有責任這樣做的。這個想法，我早就有了，只是找不到機會。現在，陛下常居深宮，很難見到，我想說也沒法子啊！」

趙高見李斯上鉤，便道：「只要丞相願意進諫，我一定留心，瞅到皇上空閒，立即派人前來稟報。」

趙高深知胡亥沉湎於酒色，十分討厭別人在他玩得高興的時候來干擾，便趁二世擁嬌妻挽美妾，狂歌燕舞到興致最濃的時候通知李斯：「上方閒，可奏事。」

李斯一聽，連忙趕去求見，但卻遭到拒絕。一連幾次，都是這樣。這一來，把二世激惱了，大聲罵道：「李斯這個老賊，太不知趣了。我閒著沒事的時候，他不來奏事。正當我『燕私』時，卻一次又一次來掃我的興，他大概是看見我年輕，瞧不起我吧！」

趙高立即應聲道：「如果丞相眞是這麼想的，那就危險了。沙丘之謀，丞相是參與者，現在陛下當上皇帝，而他的富貴卻沒有增多，他大概是想陛下分封土地，立他為王吧！另外，有一件事，陛下不問，我還不敢直言相告。丞相的大兒子李由任三川郡守，造反鬧事的陳涉等又都是丞相故里的人，所以才敢如此橫行。盜賊經過三川的時候，並不攻擊圍殲，我聽說李由與陳涉還有書信往來。這件事，由於還未掌握真憑實據，才沒奏明聖上。」

正在氣頭上的胡亥一聽此話，便信以為真，立即就要治罪李斯，並悄悄派人去三川調查李由通盜的事。

後來，李斯知道了非常惱火，恨死了趙高。他一面向胡亥申訴自己蒙受的冤屈，一面揭露趙高「無識於理，貪欲無饜，求利不止，列勢次主，求欲無窮」，是一個十分危險的人物。

李斯的進諫，胡亥不僅不聽，反而批駁道：「夫高，以忠得進，以信守位，朕實賢之。」事後，又把李斯揭露的內容密告趙高。

趙高又趁機進讒道：「丞相父子謀叛已久，所擔心的就我一個。我如果死了，他便會慘殺死陛下奪取皇位。」

經過這一番惡毒的挑撥，二世下令把李斯抓起來，並交郎中令趙高治罪。包藏惡心的趙高，首先指控李斯父子謀叛，收捕了他的三族，然後採取嚴刑酷法逼取口供。

李斯被打得皮開肉綻，實在無法忍受，便招了個假供。他想自己對秦王朝稱得上是有功之臣，日後通過申訴，胡亥會赦免他的。

殊不知，宮中內外全是趙高的親信、走狗，他寫的申訴書，全落在趙高手中。恣意妄爲的趙高不僅不予轉送，反而把這些申訴書撕個粉碎，扔在地上，還大聲吼叫：「囚安得上書！」

趙高明知李斯招的是假供，爲了不讓他翻案，便命自己的親信扮成御史、侍中，輪番提審，李斯不知是計，便說出了實情。他們一口咬定李斯不老實，又施行一次次慘絕人寰的拷打，直到李斯對假口供不再改口爲止。

經過數次審訊、拷打，李斯一見提審，便連連自誣說：「我造反！」「我叛亂！」「我通盜！」「我想奪皇位！」……

後來，胡亥眞的派人來審訊，李斯以爲還是和前幾次一樣，再也不改口了。胡亥看到李斯的假口供，認定李斯眞想謀反，對趙高說：「要不是趙君精明能幹，我幾乎爲丞相出賣了啊！」

通過一系列的精心策劃，李斯的罪名終於被趙高羅織而成，再也無法改變自己的命運了。這時，李斯悔恨交加，如果自己不迷戀權位，就不會聽信趙高的威脅利誘而參與沙丘政變，就不至於受制於趙高。

但是，悔恨是無濟於事的，最後李斯還是含冤抱屈被腰斬於咸陽。而趙高，則順理成章地當上丞相，成了秦二世的太上皇。

權力往往有著強烈的排斥性，趙高把一切對自己可能構成威脅的人視爲異己，剷除手段可謂兇殘暴虐，又把巴結他的人榮升高位，確保自己掌權位置的穩固。

侍君有術，專權有道

像仇士良這樣蓄意弄權干政的陰謀家，目的就是要讓皇帝腐化墮落，不問政事，以利於攫取「恩澤權力」，達到「萬機在我」的目的。

仇士良在唐順宗時入宮當太監，到唐武宗會昌三年病死，在宮中四十多年，侍候過六個皇帝。

在這四十多年的時間裡，唐朝宮廷內事變迭起，皇帝與藩鎮的矛盾、朝臣與太監的鬥爭，太監與太監的較量……等問題尖銳複雜，情勢瞬息萬變。在統治階級內部的傾軋中，許多文官、武將、太監被處死，甚至有的皇帝、后妃也遇害。可是，仇士良卻穩步高升，從一個侍候太子的一般太監，歷任監軍、五坊使、左神策軍中尉、左街功德使、驃騎大將軍、楚國公、觀軍容使、兼統左、右神策軍、知內侍省事等要職，死後追贈揚州大都督。

仇士良專權二十餘年，皇帝雖然不滿他的挾制，但是卻不願他離開，更不敢將他除掉。史書上說仇士良「有術自將，恩禮不衰」。這「有術」二字，正道出了仇士良的訣竅。

仇士良「術」，究竟是什麼呢？

仇士良告老還鄉之時，他的徒子徒孫們爲了弄清仇士良的「術」，專門爲他舉行隆重的送行宴會，虔誠地請他傳授一點在宮廷裡混飯吃的本領。仇士良也說出了一套挾制皇帝專擅大權的「秘訣」。

「爲了你們的前途，我就把我多年積累的經驗告訴你們，我這些經驗在皇帝的身上用了好多年，十分有效，以後你們照這些方法去做，也一定差不了。你們侍奉皇帝，首先要記住的是，千萬不要讓皇帝閒著，皇帝一閒著，就想讀書，就想接近儒臣，就想討論什麼天下大事、治國方略。如果是這樣，皇帝就會增加知識，提高智慧，就會變得明白起來，那麼，皇上就會採納朝臣的意見，不再追求吃喝玩樂，也就不再寵信我們。如此一來，我們哪裡還有機會掌握大權呢？因此，你們要想方設法搜羅錢財，供皇帝肆意揮霍使用，不僅要投其所好，還要引導他們享樂，不要給他留出一點空閒。這樣，皇帝就不再留心學問，也無暇過問政事，反倒覺得我們十分忠心，也就只有靠我們去替他辦事。這樣，我們豈不就可以專權了嗎？」

這番話，說得小太監們一個個如醍醐灌頂。

宦官原本是皇帝的內侍、家奴，常年周旋於皇室、內廷之間，侍奉於皇帝左右，具有一般人所不具備的接近最高統治者的有利條件。在專制封建的皇權時代，他們的是非好惡，往往會左右皇帝、誤國害民，更不用說像仇士良這樣蓄意弄權干政的陰謀家了。

仇士良的目的就是要讓皇帝腐化墮落，不問政事，以利於攫取「恩澤權力」，達到「萬機在我」的目的。

開發潛在市場，避免直接競爭

「學習機」設計出來後，日本湯淺教育體系公司立刻買下。佐佐木明以智慧挖掘潛在市場，成功避開與大企業直接競爭，這是他成功的關鍵。

在日本，索尼、松下、東芝、日立……等知名公司都擁有一流的人才、一流的設備和雄厚的資金。一個叫佐佐木明的年輕人決心和這些大公司競爭，創辦了一家「微型系統科技公司」。

「微型系統科技公司」唯一商品是「向用戶提供某種產品的設計」，因此也被人稱爲「頭腦公司」。佐佐木明是記者出身，一無專業技術，二無先進設備，三無雄厚資金，想求得生存，談何容易？

佐佐木明的對策是：避開大公司的現有產品，瞄準它們尚未開發的潛在市場，搶在它們之前研製出新產品。

日本是個經濟大國，就業並不困難，但是要想找到一份好工作，沒有知名大學的文憑就沒那麼簡單。因此，日本的父母都爲孩子的學習操心，許多人不惜重金聘請家庭教師，或是把孩子送入各類補習班。佐佐木明從這個現象中得到啓迪，對全日本的中、小學生做了一個粗略統計，發現這是一個驚人的數字——三千萬，是一個龐大的潛在市場。

於是，專供中、小學生使用的「學習機」很快問世。「學習機」是一台類似微型電腦的設備，只要配上中、小學教材的軟體，就可以反覆學習，比請家庭教師和上補習班要方便和實惠得多。

「學習機」設計出來後，日本湯淺教育體系公司立刻買下佐佐木明的「設計」，並進行量產。佐佐木明以智慧挖掘潛在市場，成功避開與大企業直接競爭，這是他成功的關鍵。

【第5章】

為兵之事，在於順詳敵意

孫子指出，用兵之道在於順知敵情，在出敵意外的時機，選擇出敵意外的主攻方向，以出敵意外的速度發動迅猛進攻。如此，就算千里征戰，也能戰無不勝。

先隱藏意圖，再伺機左右局勢

為了替劉澤謀取兵權，先用寶馬接近呂后的寵臣張石慶，然後趁機左右局勢，終於在陳平暗助下達成目的。

陳平是漢高祖劉邦的開國謀臣，曾七出奇計幫助劉邦奪得天下。劉邦臨死時，對列侯、群臣說：「我死之後，不是姓劉的子孫不可以封王，未建樹大功的不可以封侯，如違此約，你們應當共同討伐他！」

劉邦死後，呂后掌權，想變劉家天下為呂家天下，把劉邦的兒子殺的殺、關的關，未遭殺戮的也都一一剝奪兵權。

齊王劉澤原來擁有二十萬大軍，劉邦一死，呂后就把二十萬軍隊收歸己有，劉澤爲此又恨又怕。

劉澤身旁的謀士田子春看出了他的心思，便對他說：「主公整日悶悶不樂，不就是想要索回那二十萬兵馬嗎？只要給我黑白兩匹駿馬和一筆經費，我就能把兵權要回來。」

劉澤喜出望外，立刻派人給田子春送去黑白兩匹駿馬和一大筆金銀。

田子春索取駿馬是爲了打六宮大使張石慶的主意，因爲呂后最寵信張石慶，而張石慶又最喜歡良馬。

田子春領著兒子，帶著駿馬進入京城長安，故意把馬拴在張石慶上朝必經之路上，引得張石慶垂涎三尺。張石慶派人把田子春喚到府中，問他的馬賣不賣。田子春說：「我這對馬是兩匹寶駒，我帶著兒子趕著馬從山東到京城來，無非是想賣掉馬找個差事做。既然大使喜歡，送給大使即是，哪敢說賣不賣？」

張石慶眉開眼笑，得知田子春與自己妻子同姓，便認田子春做自己的舅子，讓他搬到自己府中。這正中田子春下懷，立刻讓兒子過來叩見「姑夫」、「姑母」。從此，田子春跟在張石慶身後，儼然成了張石慶的家人。

一天，張石慶跟田子春談起呂后，田子春乘機說：「太后一心想封呂家的人爲王，只是沒人說破，太后不好意思開口。姐夫如果奏請太后封呂氏三人爲王，太后一定很高興，說不定還會封姐夫爲上大夫呢！」

張石慶照著田子春的話做了，呂后果然非常高興，將呂超、呂祿、呂產分別封爲東平王、西平王、中平王，又封張石慶爲末廳丞相。張石慶樂得合不攏嘴，回到府中立刻把這項喜訊告訴了田子春。

田子春聽後，故作吃驚地說：「哎呀！我酒後失言，姐夫卻當眞了。這下，恐怕壞了呂家的大事！」

張石慶不解地問：「這話怎講？」

田子春道：「呂家一天之內封了三個『王』，劉氏還有三個王在京城外，無兵無權，他們能高興嗎？萬一造起反來，怎麼辦？」

張石慶連忙向田子春討對策。田子春不慌不忙地說：「這倒也好辦，劉氏三王，有權勢的給他們些賞賜，無兵無權的給他們些兵權，大家都有甜頭，誰也不會起異心了。」

張石慶把田子春的話轉述給呂后聽，呂后也覺得有理，但拿不定主意，便把陳平召入宮中，商議如何是好。陳平早就對呂后專權不滿，但孤掌難鳴，只好靜待時機，聽呂后如此一說，便知道有人在爲齊王劉澤謀取兵權，於是順水推舟，連連說「好」。

呂后得到陳平的贊同，一道聖旨下到山東，把劉澤召入宮中。

呂后命人把兵符交給劉澤，但對給多少兵馬卻又拿捏不定，轉頭問陳平：「應該給多少兵馬？」

陳平答道：「太后自己拿主意吧。」

呂后看了跪在階下的劉澤一眼，又問陳平：「三萬？」

陳平不答，同時向劉澤眨眨眼，示意劉澤不要言語。劉澤聰明過人，立刻明白了陳平的意思，跪在階下一言不發。

呂后見陳平不說話，又問：「七萬？」

劉澤愣怔怔地望著呂后，還是一言不發。

呂后來氣了，連連搖手，說道：「算了！算了！……」

陳平見狀，大喝一聲，「劉澤！太后已應允給你五五二十五萬人馬，你還不趕快叩謝！」

劉澤連連叩謝。呂后瞪了陳平一眼，只好給了劉澤二十五萬人馬。

劉澤拿著兵符，到兵部調領二十五萬人馬。田子春知道消息，帶著兒子跑入劉澤帳中，催促道：「兵馬到手，還不快走？太后隨時都會把兵馬收回去啊！」

劉澤一聲令下，二十五萬大軍馬不停蹄地向山東奔去。

後來，劉澤就是憑著這二十五萬大軍樹起了造反大旗。

在正常、直接的方法達不到目的情況下，先佯裝順從敵手的意圖，伺機而動，往往可以一舉成功。

爲了替劉澤謀取兵權，田子春先用寶馬接近呂后的寵臣張石慶，然後趁機左右局勢，終於在陳平暗助下達成目的。

借他人之手，達成自己之事

陰姬很順利地做了王后，趙王死了心，司馬憙也成了王后娘娘的大恩人，透過他人之手，達成自己的目的，這種手法真是絕妙。

戰國時期，中山王寵愛著兩個妃子陰姬和江姬，兩人為了當上王后，彼此明爭暗鬥。

謀臣司馬憙看出兩妃爭寵的情形，想趁機會敲她們一筆，便暗中使人去向陰姬致意，告訴她：「要做王后不是開玩笑的，爭到手，自然掌有權威，貴甲天下，傲視萬民；萬一失敗，那就危險了，生命保不住不說，還會禍及家族！所以，不爭則已，要爭就必定要勝利。您想成功的話，就去請教司馬憙先生！」

陰姬聽了怦然心動，便秘密地去請教司馬熹。司馬熹鼓起如簧之舌，說得陰姬點頭稱是，千恩萬謝地說：「事情成功之後，一定大大酬謝！」並且先孝敬司馬熹一筆謝金。

於是，司馬熹即刻上書中山王，告訴他有一個計劃可使本國強盛，鄰國衰弱。

中山王很感興趣，堆著笑臉來問他：「要怎樣做才行呢？」

司馬熹說：「我先親自去趙國跑一趟，名爲訪問，實則暗查趙國的險要地形和風土人情，瞭解趙王的政治和軍事動向，回來才能訂出詳細計劃。所謂知己知彼，百戰百勝！」

中山王聽了，又送他一份厚禮，打發他去趙國訪問。

司馬熹見到趙王，談話間對趙王說：「聽說貴國是出產美人的地方，但我到這裡已經幾天了，沒看到哪一個算得上漂亮。老實說，我足跡遍天下，也見過無數美女，總覺得沒人比得上中山國那位陰姬了！她的美，不是筆墨所能描寫，語言所能形容的，她那高貴的儀表，堪爲母儀天下的王后！」

趙王頗爲心動，忙問：「可不可能把她弄到這裡來？」

司馬熹故意把話鋒一轉，「我不過隨便說說罷了，至於大王意圖怎樣，弄不弄得到手，我可不能發表意見。陰姬雖然是妃子身份，卻備受國君寵愛。這些話，請您千萬不要傳出去，否則會被殺頭的。」

趙王奸笑一下，表示非達到目的不可。

司馬熹回到本國，報告中山王：「趙王簡直是一個混蛋，沒有道德觀念，不知仁義是什麼東西，開口講打，閉口講殺。還有，我聽到一個卑劣的消息，說趙王這個混蛋正在暗中設法，想把大王的寵妾陰姬弄過去呢！」

「混蛋，豈有此理！」中山王一聽，怒罵起來，「這個王八蛋竟把腦筋動到我頭上來了！眞可怒！」

「大王！請冷靜一點。」司馬熹說：「從目前形勢來看，趙國比我們強盛，打是打不過。趙王想索要陰姬，實在沒有辦法。不給，馬上要亡國；要給，一定被世人恥笑，笑大王懦弱，連愛妃都得送給人！」

「那怎麼辦？」中山王雖然生氣，但也不得不面對現實。

「照我看，」司馬熹從容不迫地說：「只有一個辦法才可以避免，就是大王立即冊封陰姬爲王后，斷了趙王的邪念。歷史上，從沒有誰敢要別國的王后做妻子，膽敢索要，必定爲列國唾棄，罵作禽獸！」

「很好！」中山王轉怒爲笑說：「就照你的辦法去做，看他這個癩蛤蟆還敢不敢想吃天鵝肉！」

隨後，陰姬很順利地做了王后，趙王死了心，司馬熹也成了王后娘娘的大恩人，地位和金錢自然更有保障了。

透過他人之手，達成自己的目的，這種手法眞是絕妙。

羅斯福欲擒故縱，趁火打劫

羅斯福不愧老謀深算，採取欲擒故縱的手法，形退實進，既網開一面，讓法國人、哥倫比亞人有「甜頭」可吃，又趁火打劫，撈了大便宜。

眾所周知，巴拿馬運河是美國控制的一條內河航線，美國每年要從這條運河上賺一大筆錢，而且這條河的戰略地位非常重要。前巴拿馬總統諾列加就是因爲不聽美國指揮，表示要按時收回巴拿馬運河主權而得罪了美國，被美國「憲兵」抓到美國受審判刑。

不過，巴拿馬運河最早卻並非由美國開鑿的。十九世紀末，有一家法國公司和哥倫比亞簽訂了一項合同，打算在哥倫比亞的巴拿馬省內（當時巴拿馬尚未獨立）

開鑿一條連通大西洋和太平洋的運河。

主持這項工程的總工程師就是因開鑿蘇伊士運河而聞名世界的法國人雷賽布。憑著過去的成功經驗，他認爲完成這項任務並不困難，不料工程一開工就遇到了麻煩。原來，巴拿馬的環境和蘇伊士有很大的不同，工程進度相當緩慢，而且公司的資金也開始短缺，陷入了困境。

美國總統羅斯福聽到這個消息，心裡十分高興，決定購買運河公司，由美國開鑿巴拿馬運河。美國對開鑿這條運河也早有打算，只因法國下手太早，搶先與哥倫比亞簽訂了合同，使美國懊悔不已。

這下，機會終於來了。

法國運河公司面臨困境無法經營，不得已之下，派代理人布里略訪問美國，提出要出賣運河公司，開價是一億美元。

法國認爲，美國一定會很高興地買下。

儘管美國早就對運河公司垂涎三尺，得悉法國公司要出售更是欣喜若狂，但表面上顯得並不怎麼熱情。

羅斯福故作姿態，指使美國海峽運河委員會提出一個調查報告，證明在尼加拉瓜開鑿運河會省錢。報告煞有其事地指稱：「在尼加拉瓜開運河的全部費用不到二億美元。雖然在巴拿馬開運河，直接費用只有一億多，但並不合算，因爲需要另外付出一筆收購法國公司的費用。這樣加起來，開巴拿馬運河全部費用就將達到二·五億多美元。」

這個報告自然要讓法國公司代理人布里略先生「過目」。一看報告，布里略嚇了一跳，心想如果美國不在巴拿馬開運河，法國不是一分錢也收不回來了嗎？於是，他馬上遊說，聲稱法國願意降價出售運河公司，只要四千萬就行了。

羅斯福一聽，立即指示用四千萬買下了運河公司。法國人還以爲自己很幸運，總算收回了四千萬，殊不知卻上了羅斯福的當。

買下公司後，羅斯福又對哥倫比亞政府故技重施。他指使國會通過一項法案，規定如果美國能在適當的時機內和哥倫比亞政府達成協議，美國將考慮開鑿巴拿馬運河，不然的話，美國將選擇開鑿尼加拉瓜運河。

這麼一來，輪到哥倫比亞政府坐不住了，馬上指使駐美國大使找美國國務卿海約翰協商，簽訂了一項美國條約，同意以一千萬美元的代價，長期租給美國一條兩岸各寬三英里的運河區，美國每年另外付給哥倫比亞十萬美元。

這個協議給美國帶來了無可計數的利益，無怪乎後來諾列加稍有反叛就受到了美國「制裁」。

羅斯福不愧老謀深算，採取欲擒故縱的手法，形退實進，既網開一面，讓法國人、哥倫比亞人有「甜頭」可吃，又趁火打劫，撈了大便宜。

塔列朗選擇追隨拿破崙

塔列朗具有遠見卓識，不失時機地選擇了拿破崙，與拿破崙建立了密切的關係，並為他出謀劃策，為以後自己成為拿破崙的重臣創造了條件。

一七九七年夏，塔列朗被任命爲法國督政府的外交部長。

這位善於觀察政局動向的外交家，認爲督政府奢侈腐化，內部爭鬥不止，缺乏強有力的領導人，肯定不會長久。他仔細分析形勢，發現在土倫和義大利作戰中功勳赫赫的拿破崙．波拿巴將軍不會甘心永遠聽從熱月黨律師們的指揮，便打定主意向這顆前程無量的新星靠攏。

他甚至給自己設定了最重要的近期目標，就是接近拿破崙。

他知道，在不久的未來，拿破崙將是法蘭西的唯一主宰。但他與拿破崙的生活、閱歷、性格、習慣和愛好都沒有任何相似之處，兩人之間也從未有過眞正的友誼，如何建立密切關係呢？

塔列朗除了盡其奉承諂媚之能事外，還打算在政治上助拿破崙一臂之力，促使他早日成功。

一七九七年夏秋之際，督政府發生危機，保王黨控制了兩院多數，陰謀發動叛亂。塔列朗寫信給拿破崙，請他從義大利派軍隊來支持督政巴拉斯。

九月四日，兩人發動政變，使政局穩定下來。拿破崙因戰場上的勝利，深得人心。十二月七日，拿破崙回到巴黎時，受到了隆重熱烈的歡迎。塔列朗卑躬屈膝地向他獻上肉麻的阿諛之詞，好像是在迎接一位偉大的君王凱旋。

拿破崙回國不久，就向督政府提議進攻埃及，以打擊英國在印度的統治，削弱它的經濟力量。塔列朗又竭力支持這項計劃，但是拿破崙進軍埃及時，法國政府在第二次反法同盟的進攻下連連失利，人民更加不滿，督政府地位搖搖欲墜。

七月二十日，塔列朗辭職下台，表面上是因爲受到攻擊，實際上這正是他和拿破崙預訂的計劃：找機會擺脫這個不得人心的政府，以便奪權。

一七九九年十月十六日，拿破崙認爲奪權時機已經成熟，從埃及趕回巴黎，密謀發動政變，塔列朗又扮演了重要角色。

拿破崙在塔列朗的府邸與他一起策劃了許多細節，塔列朗還受拿破崙的派遣，去說服督政巴拉斯自動退職。十一月九日，拿破崙政變成功。十二天後，塔列朗重新出任外交部長，以後又成爲帝國的外交大臣。

人有時會對重大事件做出抉擇，選擇一條最佳的出路。問題是，這種出路並不總是一目了然的，需要謹慎探索、思考。塔列朗具有遠見卓識，不失時機地選擇了拿破崙，與拿破崙建立了密切的關係，並爲他出謀劃策，爲以後自己成爲拿破崙的重臣創造了條件。

李自成詐降保存力量

農民軍走出車箱峽後，重新集結起來。陳奇瑜因此被撤去總督職務，關入監獄。投敵所好，獻寶詐降而保存實力，這正是李自成高明所在。

明朝末年，李自成率領的農民軍活躍在河南西部，崇禎皇帝任命巡撫陳奇瑜為陝、晉、豫、楚、川五省總督，率十餘萬大軍圍剿農民軍。李自成率一支農民軍行進到興安府（今陝西保康）時，與陳奇瑜的主力遭遇。李自成只有三萬六千人，眾寡懸殊，被迫退入車箱峽中。

車箱峽是一條長約四十餘里的大峽谷，四周是懸崖峭壁，連樹木都少有。陳奇瑜派兵佔據了四周山頂，又守住了各個山口，令李自成無計可施。偏偏禍不單行，一場不大不小的雨接連下了七十多天，農民軍的刀甲都銹跡斑斑，箭羽脫落，再加上缺糧缺藥，士兵們十有九病，全軍陷入絕境。

李自成焦急萬分。

陳奇瑜又命令士兵們不停地把勸降信射入山谷中，李自成唯恐軍隊有變，坐臥不安，連連與衆將領商議突圍之計。謀士顧君恩獻計道：「官軍貪利好功，之所以遲遲不發起進攻，是因爲怕我們以死相拼，我們何不獻寶詐降？」

李自成苦笑道：「此計已在過黃河時用過，官軍不會再上當了。」

顧君恩說：「據我所知，過黃河之事，當事官害怕朝廷治罪，未敢上奏。如今的監軍太監楊應朝貪婪無比，只要買通他，沒有辦不成的事。」

衆將都認爲可以試一試，李自成也覺得別無良謀，只好派顧君恩去見楊應朝。顧君恩帶著奇珍異寶和數目可觀的黃金向楊應朝說明了願受招安的意圖，楊應朝果然見錢眼開，答應說服陳奇瑜。

顧君恩又用重金賄賂陳奇瑜手下的僚屬，衆僚屬一來不願賣命，二來又有利可圖，個個都爲農民軍說好話。

陳奇瑜初時還有些猶豫，後來一想，不必拼殺即可立下大功，又可以保全實力，何樂而不爲？於是，修書上奏崇禎皇帝，請求招安農民軍。不久，聖旨下來，同意了陳奇瑜的建議。

陳奇瑜派人進入峽谷，清點農民軍人馬，每一百人派一名安撫官加以監視，負責遣送農民回鄉。不料，農民軍走出車箱峽後，不到一個月的時間，紛紛殺掉安撫官，重新集結起來。

陳奇瑜連呼：「上當！上當！」立即調兵派將，再次截剿。但此時，李自成已與其他各路農民軍會合，隊伍一下子擴大到三十多萬人。

陳奇瑜因此被撤去總督職務，關入監獄。

投敵所好，獻寶詐降而保存實力，這正是李自成高明所在。

話不投機，就要設法轉換話題

交涉、溝通之時，要先設法摸清對方的喜好和引以為傲的事項，話不投機之時，最好立即改換策略，這樣才有可能峰迴路轉。

約瑟夫．S．韋普是美國菲德爾費電氣公司的出色推銷員。

有天，韋普到賓夕法尼亞州的一家農莊去推銷用電。他來到一家整潔而富有的農戶門前，有禮貌地敲了好久的門，門才打開一道小縫。

「您找誰？」說話的是一個老太太，「有什麼事？」

不料，韋普才剛說了一句：「我是菲德爾費電氣公司的……」門就砰的一聲就關上了。

韋普悻悻地直起腰，四周看了看，「噢！這家的主人是養雞的，而且，養得不錯。」他頓時有了主意，再一次敲門。

好半天，門才打開，還是只露出一條小縫。

「見鬼！我最討厭電氣公司！」

老太太嘟囔著說，又要把門關上，但韋普的話使她把手停下了，「很對不起，打擾您了。不過，我不是爲電氣公司的事而來，我只是想向您買點雞蛋。」

老太太把門開大了一點。

「多漂亮的多明尼克雞啊！我家也養了幾隻。」韋普繼續說：「可就是不如您養得這麼好。」

老太太狐疑地問：「您家養有雞，爲何還來找我買雞蛋？」

「只會生白蛋啊！」韋普一臉沮喪地說：「老太太，您知道，做蛋糕時，用黃褐色的蛋比白色的好，我太太今天要做蛋糕，所以……」

老太太高興了，立刻把門打開，把韋普請入房中。韋普一眼瞥見房中有一套乳酪設備，推測老太太的丈夫是養乳牛的。

「老太太，我敢打賭，您養雞一定比您先生養乳牛賺更多錢！」

這句話說到了老太太的心坎，這是她最引以爲豪的事情。房中的氣氛熱絡了起來，老太太視韋普爲知己，無所不談，甚至主動地向他請教用電的知識。

兩週後，老太太向韋普的菲德爾費電氣公司提出用電申請。此後，老太太所在的那個村莊開始使用菲德爾費電氣公司所提供的電。

交涉、溝通之時，要先設法摸清對方的喜好和引以爲傲的事項，話不投機之時，最好立即改換策略，這樣才有可能峰迴路轉。

從對方最感興趣的事情下手

想達到自己的目的，必須以對方關心的事為話題。不管是什麼形式的交涉、溝通，從對方最感興趣的事情下手，常常可以達到事半功倍的效果。

以前紐約有一家麵包公司，公司經理是亨利．D．迪巴諾。迪巴諾的麵包公司遠近馳名，十分暢銷，然而，離它最近的一家紐約大飯店卻一直對它不理不睬。迪巴諾十分納悶，決心敲開這家大飯店的門。

他每星期必定去拜訪大飯店的總經理一次，甚至以客人的身份住進大飯店，還常把迪巴諾麵包送給公司的職員。然而，不論他怎麼做，這家大飯店仍然對他的麵包視若無睹。

迪巴諾是一位意志十分堅強的商人，面對這種冷遇，發誓不達目的絕不罷休。失敗多次之後，迪巴諾總結了教訓，決定改變自己的策略，開始調查飯店總經理感興趣的事。

他在飯店裡安插了情報人員，知道飯店總經理是美國飯店協會的會員，熱心協會的事務，而且還擔任飯店協會的會長，凡是協會召開的會議，不管在何地舉行，他都一定乘飛機前往。

瞭解這些情況後，迪巴諾便到圖書館查閱了協會的資料。第二天，他去拜訪了飯店總經理，自然以協會爲話題。雙方談得十分投機，尤其是飯店總經理，兩眼放光，認爲遇到了知音。

在這場談話中，迪巴諾絲毫未提麵包。

幾天以後，飯店的採購部門給迪巴諾打了一個電話，要他把麵包樣品和價格表送去。迪巴諾趕到飯店後，採購組長第一句話就是：「你用了什麼絕招，使我們老闆這麼賞識你？」

迪巴諾公司馳名遠近，然而長期的正面攻勢在這家大飯店並未收效，一個麵包渣也沒售出；而僅僅與飯店總經理談了一下對方關注的事，形勢卻大爲改觀。由此可以，若想達到自己的目的，首先要讓對方認同，使自己被人喜愛，而要做到這一點，必須以對方關心的事爲話題。

不管是什麼形式的交涉、溝通，從對方最感興趣的事情下手，常常可以達到事半功倍的效果。

贏得對方歡心，就能開啟方便之門

一個十年沒有解決的大難題，就這樣輕鬆地被年輕的推銷員在一個小時之內解決了。正是由於他善於迎合旅店總經理，博得對方歡心，從而啟開方便之門。

美國某地有家糕點廠，品質上乘，價格也合理，產品遠銷他州，很受歡迎。諷刺的是，糕點廠附近有一家大旅店，就是不進該糕點廠的貨。

原來，旅店經理對該糕點廠有些成見，而糕點廠的推銷員去旅店推銷糕點時又欠禮貌，令他十分不悅。數次接觸後，旅店經理乾脆給糕點廠吃閉門羹，整整過了十年，糕點廠的糕點仍然沒能夠打入大旅店。

一天，糕點廠老闆招募了一位年輕的推銷員。年輕的推銷員得知糕點廠與大旅店之間的不和諧關係後，決心要打破這種僵局。

推銷員很會動腦筋，深知這件事成敗的關鍵在於旅店經理，於是把目光盯在他身上。沒過多久，推銷員就打聽到旅店經理有一個怪癖，他有一張大面額的過期支票，但他卻引之爲榮，視之爲寶，經常向人炫耀。

推銷員找到旅店經理身邊的人，向他們說道：「聽說你們經理有一張舉世無雙的大面額支票，眞想一睹爲快，不知經理能否抽空接見我？」

旅店員工把推銷員的話轉告給經理，經理聽了十分高興，立即指示手下人：「可以，把他帶來！」賓主落座，彼此都很高興。經理詳細地向推銷員介紹了大面額支票有關的情況，推銷員對此表示十二分的敬意。

正如推銷員所期望的那樣，他剛回到工廠，經理就打電話過來：「請你把你們廠糕點樣品送過來吧！」推銷員立即把糕點樣品送了過去，第二天，糕點廠正式接到旅店經理的通知：旅店樂意購買貴廠的糕點食品。

一個十年沒有解決的大難題，就這樣輕鬆地被年輕的推銷員在一個小時之內解決了。正是由於他善於迎合旅店經理，博得對方歡心，從而啓開方便之門。

【火攻篇】

【原文】

孫子曰：凡火攻有五：一曰火人，二曰火積，三曰火輜，四曰火庫，五曰火隊。行火必有因，煙火必素具。發火有時，起火有日。時者，天之燥也；日者，月在箕、壁、翼、軫也，凡此四宿者，風起之日也。

凡火攻，必因五火之變而應之。火發於內，則早應之於外。火發兵靜者，待而勿攻，極其火力，可從而從之，不可從而止。火可發於外，無待於內，以時發之。火發上風，無攻下風。晝風久，夜風止。凡軍必知有五火之變，以數守之。

故以火佐攻者明，以水佐攻者強。水可以絕，不可以奪。

夫戰勝攻取，而不修其功者凶。命曰費留。故曰：明主慮之，良將修之。非利不動，非得不用，非危不戰。主不可以怒而興師，將不可以慍而致戰。合於利而動，不合於利而止。怒可以復喜，慍可以復悅；亡國不可以復存，死者不可以復生。故明君慎之，良將警之，此安國全軍之道也。

【注釋】

火人：火，此處作動詞，用火焚燒之意。火人即焚燒敵軍人馬。

火積：指用火焚燒敵軍的糧秣物資。積，積蓄，指糧草。

火輜：焚燒敵軍的輜重。

火庫：焚燒敵軍的物資倉庫。

火隊：焚燒敵軍的後勤補給線。隊，通「隧」，道路的意思。

因：依據、條件。

煙火必素具：煙火，指火攻的器具、燃料等物。素，平素、平常的意思。具，準備妥當。此句意思爲火攻用的器材必須平常就準備好。

發火有時，起火有日：意謂發起火攻要選擇有利的時機。

燥：指氣候乾燥。

箕、壁、翼、軫：中國古代星宿之名稱，是二十八宿中的四個。

凡此四宿者，風起之日也：四宿，指箕、壁、翼、軫四個星宿。古人認爲月球行經這四個星宿之時，是起風的日子。

必因五火之變而應之：因，根據、利用。五火，即上述五種火攻的方法。應，策應、對策。句意爲根據五種火攻引起的敵情變化，適時地運用軍隊進行策應。

早應之於外：及早用兵在外面策應，以便內外齊攻，襲擊敵人。

極其火力：讓火勢燒到最旺之時。極，盡。

從：跟從，這裡指用兵進攻。

無待於內：不必待內應。

以時發之：根據氣候、月象的情況實施火攻。以，根據、依據。

火發上風，無攻下風：上風，風向的上方；下風，風向的下方。

以數守之：數，星宿運行度數，此指氣象變化的時機，即前所述「發火有時，起火有日」等條件。本句意思爲等候火攻的條件。

以火佐攻者明：佐，輔佐。明，明顯。指用火攻效果明顯。

絕：隔絕、斷絕的意思。

不可以奪：奪，剝奪，這裡有焚毀之意，指焚毀敵人的物資、器械。

不修其功者凶：如不能及時論功行賞以鞏固勝利成果，則有禍患。

命曰費留：指若不及時賞賜，將士不用命，致使戰事拖延或失敗，軍費將如流水般逝去。命，命名；費留，吝財、不及時論功行賞。

慮：謀慮、思考。

修：治理、處理。

非利不動：於我無利則不行動。

非得不用：不能取勝就不要用兵。得，取勝。

非危不戰：不在危急關頭不輕易開戰。

慍：惱怒、怨憤。

故明君慎之，良將警之：明智的國君要慎重，賢良的將帥要警惕。慎，慎重、謹慎。警，警惕、警戒。

此安國全軍之道也：這是安定國家保全軍隊的根本道理。安國：安邦定國。全，保全。

【譯文】

孫子說：火攻的形式共有五種，一是焚燒敵軍人馬，二是焚燒敵軍糧草，三是焚燒敵軍輜重，四是焚燒敵軍倉庫，五是焚燒敵軍糧道。實施火攻必須具備條件，火攻器材必須平時即有準備。放火要看準天時，起火要選好日子。所謂天時，是指氣候乾燥；所謂日子，是指月亮行經箕、壁、翼、軫四個星宿位置的時候。凡是月亮經過這四個星宿的時候，就是起風的日子。

凡用火攻，必須根據五種火攻所引起的不同變化，靈活機動部署兵力策應。

在敵營內部放火，就要及時派兵從外面策應。火已燒起而敵軍依然保持鎮靜，就應持重等待，不可立即發起進攻。等待炎勢旺盛後，再根據情況做出決定，可以進攻就進攻，不可進攻就停止。火可以從外面燃放，這時就不必等待內應，只要適時放火就行。從上風放火時，不可從下風進攻。白天風刮久了，夜晚風就容易停止。軍隊作戰必須掌握這五種火攻方法，加以靈活運用，等待放火的時日條件具備時再進行火攻。

用火來輔助軍隊進攻，效果殊爲顯著，用水來輔助軍隊進攻，攻勢必能加強。水可以把敵軍分割隔絕，但卻不能焚毀敵人的軍需物資。

凡打了勝仗，攻取了土地城邑，而不能及時論功行賞的，必定會有禍患。這種情況叫做：「費留」。所以說，明智的國君要慎重地考慮這個問題，賢良的將帥要嚴肅地對待這個問題。

沒有好處不要行動，沒有取勝的把握不要用兵，不到危急關頭不要開戰。國君不可因一時的憤怒而發動戰爭，將帥不可因一時的忿懣而出陣求戰。符合國家利益才用兵，不符合國家利益就停止。

憤怒還可以重新變為歡喜，忿懣也可以重新轉為高興，但是國家滅亡了就不能復存，人死了也不能再生。所以，對待戰爭，明智的國君應該慎重，賢良的將帥應該警惕，這是安定國家、保全軍隊的根本道理。

【第1章】

火攻五法

孫子把火攻分為五種：火燒敵軍有生力量，火燒糧草積蓄，火燒敵軍輜重，火燒敵軍倉庫，火燒敵軍糧道。火攻的條件是天氣乾燥，風向適宜。

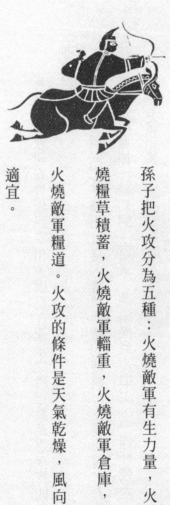

風借火勢，謝安助友賣扇

謝安逛市場的消息不脛而走，蒲扇立刻成了「搶手貨」。謝安巧借自己的「名人效應」，不費吹灰之力，就幫助友人把五萬把蒲扇全部推銷完。

東晉政治家謝安曾做過宰相，因爲在淝水之戰以數萬之衆打敗數十萬前秦軍隊而名揚天下。

謝安有一個同鄉在廣州做官，離職回鄉的時候，在廣州買了五萬把蒲扇，準備在建康停留時賣掉。誰知到了建康，蒲扇擺到市面上，一連好幾天，竟無人問津。同鄉心急如焚，只好去找謝安幫忙。

謝安問：「你有多少扇？」

同鄉答：「五萬把。」

謝安沉吟不語。當時，建康天氣轉涼，時不時還下場小雨，蒲扇已經成了過季之物，自然無人問津。要在這樣的季節裡賣掉五萬把蒲扇談何容易！

同鄉急了說道：「你是當朝一品宰相，一人之下，萬人之上，總不會一點辦法也沒有吧？」

謝安送同鄉回客店，跟他要了一把蒲扇，然後便離開。只不過，謝安沒有直接回宰相府，而是搖晃著蒲扇，瀟瀟灑灑地在鬧市中四處遊覽，故意引起人們注意。

「當朝一品宰相在逛市場！」

謝安逛市場的消息不脛而走，他搖晃著蒲扇，大搖大擺地在街市中行進的瀟灑姿態更令建康城的文人傾心。在朝中當官的爭先效仿，社會上的名流緊隨其後，平民百姓也緊跟著「過把癮」，蒲扇立刻成了「搶手貨」。

商人們眼看蒲扇有利可圖，競相找上謝安的同鄉，出高價搶購，把他樂得合不攏嘴。謝安巧借自己的「名人效應」，不費吹灰之力，就幫助友人把五萬把蒲扇全部推銷完。

孫堅殺張咨立威

兵法是立國的根本，孫堅殺張咨立威，後來開創了東吳基業。欲率眾人成就大事，首先就必須樹立起自己的權威，立下威信方能使政令暢通，方能成事。

漢朝末年，長沙太守孫堅起兵討伐董卓，軍隊行至南陽時，由於兵員眾多，有幾萬人，便下軍書給南陽太守張咨，請他撥些軍糧。

張咨不悅地說：「孫堅只不過是鄰近太守，與我官位相等，憑什麼給我下軍令調糧食！」

張咨不肯撥出糧食，孫堅前去拜見，張咨不肯接見。孫堅氣憤說：「我方才起兵，就遭到這樣的羞辱，以後如何展現威嚴？」

於是，孫堅詐稱得到緊急病症，全軍爲之震驚恐惶，趕緊找來醫師、巫覡，告祭山川，並派親信人去告訴張咨，說願意把軍隊交給他。

張咨貪圖孫堅的兵員，立刻率兵騎五百人，帶著牛肉和美酒，親到孫堅營中探視。孫堅起初躺著見張咨，沒多久，就起身設酒飲宴請張咨。

酒酣耳熱之時，長沙主簿進來說：「先前經過南陽，見道路沒有修治，軍糧、軍需也沒有準備，請把張咨收押起來。」

張咨聽到這番話，心中很害怕，想要逃走，但是孫堅將重兵陳列四周，防衛堅固，無法衝出。

過一會，主簿又入內說：「南陽太守耽擱了義兵行動，不能馬上討伐賊寇，請按軍法處置。」

左右的人立即捆綁張咨，押到軍門外斬首，南陽一郡因此震驚。從此，孫堅要求什麼有什麼，所過各郡縣，都主動陳列出糧食，等待孫堅軍隊取用。

很多才智之士，都稱讚孫堅能運用兵法。

兵法是立國的根本，孫堅殺張咨立威，後來開創了東吳基業。

政治不會是風平浪靜的，總是充滿鬥爭與陰謀，善於心計者就會在權術鬥爭中取得最後的勝利，而這個勝利總是需要搬開石頭、掃清一切障礙。

欲率衆人成就大事，作爲領導者，首先就必須樹立起自己的權威，立下威信方能使政令暢通，方能成事。

巧用妙計殺雞儆猴

馬燧和元禎巧用妙計，上演殺一儆百的戲碼，以最低的成本鎮懾了回紇及蠻族，無疑是平服強亂的好辦法。

唐朝中期，馬燧追隨澤潞節度使李抱玉，當上趙城尉。當時，回紇部隊要回國，仗著幫助朝廷平亂有功，十分驕縱、放肆，到處劫掠、傷人，對各地州縣供應的補給，稍不滿意就動刀殺人。

李抱玉要派人去慰勞，左右的人卻都不敢去，馬燧於是自告奮勇去辦這件事。

馬燧先賄賂回紇酋長，與他約定，以借到的旗幟作爲信物，可以發號施令，觸犯法令的士兵會依法處置。隨後，他又找來已被判刑的囚犯做身邊跑腿的小廝，稍微犯過就將他斬殺。

回紇士兵聽到消息十分害怕，一直到出邊界都不敢再放肆。李抱玉十分賞識馬燧的智謀，馬燧後來也成爲一代名將。

南北朝時期，名將元禎善於騎馬射箭，後來出任南豫州刺史。當時，太湖一帶山裡的蠻人時常出來攔路搶劫。前幾任的刺史對蠻人一味安撫，到了元禎就任，才有所作爲。

元禎召集新蔡、襄城一帶的蠻族酋長三十幾人，到南豫州的西部邊境會面，自己則全副武裝，準備宴席，要酋長們參觀射箭演練。元禎先派二十幾個射箭好手參加演練，自己先射出幾箭，都命中目標，然後命令手下輪流射箭。元禎在手下當中，預先安排了一個死刑犯，限他命中目標，結果沒射中，就當場斬首。酋長們看了，彼此瞧來瞧去，嚇得兩腿發抖。

另外，又預先找出十個死刑囚犯，穿上蠻人的服裝，僞裝成攔路搶劫的盜賊。元禎在座位上，假裝看著天上，一陣輕風吹過，就對著酋長們說：「這陣風，氣勢顯得暴戾，似乎有攔路搶劫的盜賊入寇，只有十個人，應當出現在西南方五十里左右的地方。」

元禎下令騎兵追捕，不久果然抓回來十個人。

元禎問酋長們：「你們的族人做賊，是否應該判死罪呢？」

酋長們都叩頭說：「罪當萬死。」

元禎見狀，當場斬殺這十個人，然後派人送酋長們回去。這些蠻人從此平服，南豫州再也沒有搶劫事件。

馬燧和元禎巧用妙計，上演殺一儆百的戲碼，以最低的成本鎮懾了回紇及蠻族，無疑是平服強亂的好辦法。

希特勒利用危機蠱惑人心

希特勒利用危機在各階級中形成的恐懼心理，實現奪權的夢想，到處宣傳人民的疾苦、民族的仇恨和政府的無能，並向人們許下美妙的誘人諾言。

一九二九年開始，整個資本主義世界爆發了經濟危機，使德國工人和資產階級深感建立在議會制基礎上的「軟弱政府」太過無能，必須拋棄它。在這種形勢下，希特勒的納粹黨愈來愈受民眾矚目。

希特勒對這次危機早有預感，但他對事情是怎樣產生的並不關心，把全部精力放在怎樣利用這千載難逢的機遇大幹一場。

因而他看到民眾爲了等候配給食物而排長長隊伍時，居然能喜悅地寫道：「我一生之中從來沒有像這些日子這麼舒坦，內心感到這麼滿意過。因爲，殘酷的現實打開了千百萬德國人的眼睛。」

就他而言，同情不是元首的事情，冷酷地利用群衆的絕望才是政治家。

恐懼出神權，希特勒決心利用危機在各階級中形成的恐懼心理，實現他奪權的夢想。但這次他學乖了，吸取了啤酒館政變失敗的教訓，決定要通過合法的管道來達到目的。

他到處宣傳，大講人民的疾苦、民族的仇恨和政府的無能，並向人們許下林林總總美妙的誘人諾言。希特勒四處搖唇鼓舌，終於憑三寸不爛之舌蒙住了一大批中產階級、公務員和失業工人的眼睛。

正所謂「饑不擇食，倦不擇席」，絕望的人民心甘情願地吞下希特勒拋下的誘餌，做著豐衣足食的美夢。

到了一九三〇年，納粹黨迅猛增到三十八萬人，該年九月十四日的國會選舉是希特勒從政的一個契機。納粹黨獲得的席次由十二席猛增到一〇七席，一躍而爲全國第二大黨，希特勒的運動造成幾乎不可逆轉的燎原之勢。

不僅普通群衆趨之若鶩，一向不喜歡納粹黨煽風點火做法和粗俗下流作風的企業界和陸軍檯面人物，也開始正視這位怪物，並最終拜倒在他的腳下。

希特勒的成功，在於他懂得順風放火，巧妙地利用危機給人們帶來的恐懼，以煽動性的言辭蠱惑群衆。

福特汽車妙策奪回顧客

各公司以色彩、外型為武器發起的挑戰，福特汽車並沒有直接應戰，而是養精蓄鋭，揚長避短，抓住品質、價格這兩個關鍵做充分準備。

二十世紀二〇年代初，亨利·福特又面臨一次打擊，福特汽車銷量急劇下降，出現了不景氣的現象。

當時，正值美國汽車工業全面起飛的時期，各大公司紛紛推出色彩明亮鮮艷的汽車，滿足消費者的不同需要，因而銷路大暢。相對的，黑色的福特車保持不變，顯得嚴肅呆板，銷路自然大受影響。

但是，無論面對要求福特供應花色汽車的各地代理商，還是面對公司內部的建議，福特總是堅決回答：「福特車只有黑色的，我看不出黑色有什麼不好，至少比其他色耐舊些。」

生產逐漸艱難了，福特公司開始裁員，部分設備停工，將夜班調成日班以節省電燈費，公司內外人心浮動，連福特夫人也沉不住氣了。

福特瞭解夫人的擔憂，信心十足地說：「我們公司的待遇高於任何企業，他們不會生異心，同時他們知道我是絕不服輸的人，相信我不跟別人生產淺色車，一定另有計劃。」

有人建議說：「至少我們應該推出新車在市面上銷售，才不至於讓人說我們快倒閉了呀。」

福特詭譎地一笑：「讓他們去說吧，謠言越多對我們越有利！」

媒體記者們感到很奇怪，問公司是不是正在設計新車，是不是跟別人一樣，會有各種顏色的車子。福特回答說：「不是正在設計，是已經定型了！也不是跟別人一樣，而是我們自己的，而且我們的新車比別人的都便宜！」

這是福特一生中最得意的傑作之一——購買廢船拆卸後煉鋼，大大降低了鋼鐵的成本，爲即將推出的A型汽車奠定了勝利的基礎。

一九二七年五月，福特突然宣佈生產T型車的工廠全部停工，這是公司成立二十四年來第一次停止新車出廠，市面上所賣的都是存貨。

消息一出，舉世震驚，猜測蜂起，除了幾個主管外，誰也摸不清福特打的是什麼算盤。奇怪的是，工廠停工後，工人並沒有被解雇，每天仍然上下班。這種情況引起新聞界極大興趣，報上經常刊登出有關福特的新聞，助長了民眾的好奇心。

兩個月後，福特終於透露，新的A型汽車將於十二月上市，這個消息比宣佈工廠停工引起的震動更大。

到了年底，色彩華麗、典雅輕便而且價格便宜的福特A型車終於在人們長期翹首等待中源源上市，果然盛況空前，造就了福特公司第二次起飛的輝煌的局面。

福特公司由於T型車的開發，早已確定了它在美國汽車工業中的地位。這次面對各公司以色彩、外型爲武器發起的挑戰，福特汽車並沒有直接應戰，而是養精蓄銳，揚長避短，抓住品質、價格這兩個關鍵做充分準備，時機一成熟，就使對手由強變弱，由優變劣。

土光敏夫的「飯盒作戰」

土光敏夫的「飯盒作戰」策略，表面上似有點軟磨硬泡的無理性，實際上是以自己的真誠感動了對方，進而達到自己的目的。

一九四六年四月，土光敏夫被推舉為石川島芝浦透平公司總經理。

當時，日本大戰失敗，百姓生計窘迫，企業的發展更是困難重重，其中最大的困難就是籌措資金。即便是那些著名的大企業，資金也相當緊，更何況芝浦透平這種沒有什麼背景的小公司，就更沒有哪家銀行肯痛快地借錢給它了。土光敏夫擔任總經理不久，生產資金的來源就擱淺了。

為了籌措資金，土光敏夫不得不每天走訪銀行。

一天，土光敏夫端著在車站上買的盒飯來到第一銀行總行，與營業部部長長谷川重三郎商議貸款事項。

「今天無論如何都得借，借不到就不回去了。」土光敏夫一上來就擺出不達目的誓不罷休的氣勢。

「可是，我的手頭沒有能借給你的款項呀。」長谷川則裝出愛莫能助的無奈之態。雙方你來我往，談了半天也沒談出結果。

時間過得飛快，一看到疲倦的長谷川有點要溜走的樣子，土光敏夫便慢條斯理地拿出了帶來的飯盒，說道：「讓我們邊吃邊談吧，談到天亮也行。」硬是不讓長谷川與營業員走開。

面對土光的這個「飯盒作戰」，長谷川只好服輸，最終借給他希望的款項。

後來，爲了使政府支付機械製造業補助金，土光曾以同樣的方式向政府開展訴願活動。於是，在政府機關集中的霞關一帶，就傳開了「說客」土光敏夫的大名。

土光敏夫的「飯盒作戰」策略，表面上似有點軟磨硬泡的無理性，實際上是以自己的眞誠感動了對方，進而達到自己的目的。

製造時間壓力達成目的

製造時間壓力，擾亂對方計劃，是一種談判策略，可利用對方人地兩生，故意拖延時間，弱化對方心理、生理上的承受能力，而不得不做出種種讓步。

美國談判界權威人士、談判專家庫恩年輕時，首次被派到國外談判就出師不利，慘敗而歸。當時，他被派去日本，正值年輕氣盛、春風得意的他，心中充滿喜悅和抱負，帶了一些有關日本人民族性、心理方面的書籍，登上了開往東京的航班。一路上，他不住地鼓勵自己。

飛機抵達東京機場時，庫恩興致勃勃地第一個走下飛機，通關後，兩位日本紳士正在入境大廳迎候他。他們殷勤地把他送上一輛大轎車，在車上，庫恩舒服地坐在後座上，對主人的周到禮遇感到很滿意。

一路上，日本人客氣地和他寒暄，其中一位還問道：「請問你是不是按預訂飛機班次回美國？我們可以為你安排車子，送你到機場。」

庫恩拿出返程機票交給日本人，讓他們做好送他的準備，心裡十分感激日本人的細心。

在東京安頓下來後，日本公司並不急於談判，先安排庫恩盡情地領略日本民族的好客和文化。大約一週時間裡，他們帶著庫恩到處遊覽，而且每天晚上，庫恩都被邀請坐在榻榻米上，享受傳統日餐，並觀賞日本藝伎表演。

這種活動總要進行四個小時以上，每當庫恩問何時談判，他們總是說：「還早，別急！」

到了第十二天，也就是離庫恩的返程日期只有兩天的時候，談判終於開始。可是，日方又安排庫恩去打高爾夫球，談判很快就休會了。到了第十三天，日本人又安排了歡送盛宴，致使談判只進行了很短的時間。

到了第十四天，大家剛坐下來談判最主要的問題，送庫恩去機場的車子到了，等待著庫恩起程，沒有進行完的談判只好在汽車裡繼續。汽車到機場時，談判也結束了，結果是庫恩大敗！

庫恩在談判中慘遭失敗，是因他太缺乏談判經驗，無意間將自己的談判期限洩漏給對方。對方利用這一點取得了有利地位，故意拖延談判時間，在時間壓力下，庫恩亂了陣腳，不得不做出大幅度讓步。

此次談判讓庫恩刻骨銘心。

製造時間壓力，擾亂對方計劃，是一種談判策略，在談判實戰中應用十分廣泛，尤其是東道主一方更樂於採用。他們會利用對方人地兩生，故意拖延時間，弱化對方心理、生理上的承受能力，而不得不做出種種讓步。

通過上面的例子，我們可以從中得到深刻的教訓：自己的談判期限、底限一定要注意保密，千萬不可洩漏！

「德魯大叔」的賣牛哲學

「德魯」大叔很聰明地運用了口渴之後再送水這個金點子，使自己累積了進軍華爾街的資本，也使自己在商場中立於不敗之地。

丹尼爾．德魯在美國華爾街的發展歷史上，曾是個重要的知名人物。這個腰纏萬貫的富翁給人和藹可親的印象，大家習慣尊稱他為「德魯大叔」。可是，很少人知道「德魯大叔」是靠什麼發家，又靠什麼進軍華爾街的。

早年的德魯一無所有，做夢都想發大財。為了實現夢想，他頂替一個不願當兵的人，參加了一八一二年戰爭，為此得到了一百美元的報酬。戰後，他以此為本錢，開始從事販牛生意。

爲了多賺些錢，他想出了個絕妙的主意，用低價錢從鄉下買了一些骨瘦如柴的牛。在進城的前一天晚上，德魯偷偷摸摸地爬起來，將幾袋鹽撒在草地上，接著拽著每頭牛都來吃一點。

然後，他把牲口棚裡的水槽堵個嚴嚴實實，不讓牛群喝水。

第二天，德魯趕著餵了鹽的牛往城裡走。

烈日炎炎，牛渴得慘不忍睹，雇來趕牛的小夥子央求著給牛喝些水，然而德魯卻一本正經地說：「路上的水不能隨便喝，牲口不習慣，弄不好會鬧病的，等到了目的地再說吧。」

傍晚，口乾欲裂的牛群終於被趕入了紐約市的肉市場。進了院子，德魯對幫忙的小夥子說：「喝吧！讓牛喝個痛快。」

然後，他轉身走出來，將聞訊趕來的屠宰商攔在外面扯東拉西地談天。等到小夥子藏好水桶，發出信號後，德魯陪著來人進入院子，映在買主眼前的，已是一頭頭喝得滾圓的肥牛了。

「德魯大叔」曾向人誇耀過：「一袋鹽才值幾美分，讓每頭牛都吃點鹽，灌水以後，每頭牛至少多賣出五十磅的價錢。」

就憑著這一招，德魯賺夠了進軍華爾街的資本。

時代在發展，行銷模式也必定隨著發展，「德魯」大叔很聰明地運用了口渴之後再送水這個金點子，使自己累積了進軍華爾街的資本，也使自己在商場中立於不敗之地。

從廢墟中燃起的「日本摩托車之父」

本田宗一郎是正確的，先進的設備使本田公司如虎添翼，產品的品質和數量都有了飛躍發展，深得各國摩托車愛好者的青睞，為本田公司創造了巨額利潤。

本田宗一郎是日本本田公司的創設者，人稱「日本摩托車之父」。

本田從十五歲起就開始在東京一家汽車修理廠當學徒，出師之後，自己開了汽車修理廠。後來，他建立「東海精機公司」，聘雇了工人，並在二年後試製出了公司的第一批產品——三萬個活塞環。但是，本田從三萬個活塞環中精選出五十個拿給豐田汽車公司試用後，只有三個是「合格」的產品。

爲此，本田向日本濱松高等學校一位教授請教，教授經化驗分析後告訴本田：

「製造活塞環的金屬鐵中缺少碳和矽。」

本田彷彿被人猛擊了一棍，頓時從迷惘中清醒：「開發一種新產品，事關自己的生死存亡，自己連這樣一些最基本的知識都不懂，還在妄想幹一番事業，這不是瞎胡鬧嗎？」

東海精機公司掙扎了幾年，徹底垮掉了。本田用完了所有的積蓄，妻子不得不把家中的東西拿到當鋪典當。

本田宗一郎的「東海精機公司」壽終正寢之時，正值日本在第二次世界大戰中戰敗。戰敗後的日本一片淒涼，人們都在為填飽肚子而奔忙。日本是一個多丘陵山地的國家，為了買到一點糧食，有時民眾必須推著自行車翻山越嶺，奔走幾十里或百餘里。

本田心想：「如果給自行車裝一台小馬達，走起路來就不用這麼費力了。」於是，他把小型馬達加以改造，用暖壺做油箱，把自行車改造為「機器腳踏車」，推向市場後大為走俏。

本田終於嘗到了成功的喜悅，經過一番思考後，他認為自己對機器製造有特殊的靈感，而摩托車又簡易方便，於是毅然選擇了摩托車製造為自己的終生事業。

本田首先開發了「雙缸A型」自行車，用馬達輔助。在此基礎上，一九四九年八月，本田生產出了眞正意義上的摩托車。一九五一年，本田又製造出四缸E型摩托車，性能名列當時日本九十多家摩托車廠之首。

本田知道日本是個島國，摩托車銷售量有限，要想發展摩托車事業就必須將自己的產品打入世界。當本田雄心十足地步入英國，參觀英國人的摩托車廠和倫敦舉辦的馬恩島摩托車大賽時，不禁大吃一驚，人家的摩托車已達三十六馬力，而日本國最好的摩托車也只有十三馬力。

本田心中感到慚愧，購買了大量在當時最先進的摩托車零件，又繞道去法國、義大利等摩托車製造業發達的國家參觀。回國後，本田投入巨額資金，組織技術人員研究開發新型發動機。

五年後，本田的研究初見成效，本田摩托車第一次駛入英國馬恩島大賽場地，獲得第六位的成績。又過了二年，本田摩托車一舉奪得馬恩島摩托車大賽五十CC、一二五CC和二五〇CC三個級別的第一至第五名，還獲世界摩托車大賽一二五CC

和二五〇CC兩個級別的冠軍。

本田摩托車衝出日本，走向了世界。本田成功了，他的產品年銷售突破了十萬輛大關。正當公司上下彈冠相慶的時候，本田卻冷靜地從成功中看到潛在的危機。他說：「無論如何，必須更新設備。如果不擁有世界一流水準的設備，就不能擁有世界一流的產品，就不得不把市場讓給其他國家世界一流的產品。」

本田公司當時的資本只有一千五百萬日元，但是，本田在遍訪美國、西德、瑞典等國後，卻從這些國家購入了價值四．五億日元的機器設備，更新了全部的陳舊設備。

本田對此的解釋是：「引入這些先進設備，企業也許會因無力支付款項而倒閉，但是，不引入先進設備，企業早晚也要倒閉。現在雖然有倒閉的危險，但如果經營正確，將會使企業產生更大的轉機。」

本田宗一郎是正確的，先進的設備使本田公司如虎添翼，產品的品質和數量都有了飛躍發展，深得各國摩托車愛好者的青睞，爲本田公司創造了巨額利潤。

【第2章】

裡應外合，擊敗敵手

《孫子兵法．火攻篇》的中心內容是說明透過火攻，裡應外合，擊敗敵軍。除了平時必須做好火攻的準備，同時也強調根據風向的變化，確定攻擊的方法，並且靈活機動地部署兵力加以策應。

羅斯福的政治權謀

總體來說，羅斯福精於政治策略，在用權術與計謀來達到自己的政治目的方面，可謂技藝高超，馬基維利關於獅子與狐狸的比喻，用在他頭上頗為貼切。

義大利政治家兼歷史學家馬基維利曾經提出這樣一個政治公式：一個君主要兼有狐狸與獅子的特點。

馬基維利指出，「獅子不能使自己免於落進陷阱之中，而狐狸又無力使自己免受狼群之攻擊」，因此，領導者必須既是狐狸才能識別陷阱，又是雄獅才能懾服群狼，那些只想當獅子的人根本不懂得這個奧妙。

他進一步闡述道：「一個精明的統治者，當保持信用與他的利益相違背時，就沒有必要去保持它……如果大家都是壞人，他們就不會對你講信用，因此你也就不必對他們講什麼信用。」

用馬基維利這個公式來解讀羅斯福的政治手腕，最恰當不過，他就是用狐狸的計謀爲獅子的目的服務。爲了達到自己的政治目的，他可以不擇手段。這一點，在他參加總統競選時就表現得十分引人注目。

羅斯福首次參加總統競選時，美國受到孤立主義浪潮衝擊，而羅斯福從前是主張成立國際聯盟的新自由派人物。

他在一九二〇年以民主黨副總統候選人身份參加競選時，曾明確主張美國應該參加國際聯盟。十二年後，當他以民主黨總統候選人身份參加競選時，卻採取了迥然相異的立場，在競選演說中聲明，他不贊成美國參加國際聯盟。

難道他眞的放棄了自己以前的信念嗎？其實不然，這只不過是他的一種競選手段而已。他曾經說過：「理想是不變的，但是方法隨著每一代人和世界環境在改變。我是在尋找達到目的最現代化方法。」

他要爭取當選，就必須考慮選民情緒，他不贊成美國參加國際聯盟，實際上是迎合了大多數人的意見，爲他當選總統排除巨大阻力。

羅斯福處理退伍軍人問題時，更展現了他的政治手腕。胡佛下台前夕發生的退伍軍人「補償金進軍」運動被麥克阿瑟用武力鎮壓下去後，一九三三年春，華盛頓又出現新的退伍軍人請願隊伍。

羅斯福讓親信助手路易士·豪陪同羅斯福夫人前去訪問退伍軍人的臨時營地。汽車開到營地後，羅斯福夫人單獨一人下車，在齊腳踝深的灰土地上向退伍軍人走去。退伍軍人看到羅斯福夫人隻身來到他們的營地，頓時對她表示熱烈歡迎。羅斯福夫人傾聽他們的要求，和他們一起唱昔日歌曲。事後，退伍軍人中流傳著這樣一句話：「胡佛派來軍隊，羅斯福派來他的妻子。」

透過這種方式，本來會演變成對抗的局勢通過協商解決了。

羅斯福是民主黨人，但並沒有把自己侷限於一個政黨的領袖，盡可能使自己具有全面領袖的形象，儘量化敵爲友，盡可能不和反對他的人對立，爭取共和黨內的重要人物爲他的政策服務。

譬如，一九四〇年共和黨召開全國代表大會前夕，羅斯福任命著名共和黨人，以強硬派著稱的諾克斯和史汀生分別擔任海軍部長和陸軍部長的要職。這一任命是「一石數鳥」，既向全國表明應摒棄黨派成見，共濟時艱，同時也向共和黨全國代表大會施加影響，分化共和黨內反羅斯福的力量。

總體來說，羅斯福精於政治策略，在用權術與計謀來達到自己的政治目的方面，可謂技藝高超，馬基維利關於獅子與狐狸的比喻，用在他身上頗爲貼切。

除此之外，羅斯福還以有膽有識著稱。他在首次就職演說中提出了「無所畏懼」的戰鬥口號：「我們唯一值得恐懼的，就是恐懼本身。」他不怕失敗，勇於嘗試，勇於創新，有魄力，有遠見，把美國引上了一條新的發展道路。

羅斯福作爲一位傑出的領導人，集權術、膽識和實用主義於一身，與邱吉爾、史達林並稱「二次大戰三巨頭」，更與華盛頓、林肯齊名。

政壇如戰場，政治家需要學會一套功夫，才能周旋於政客之間，獨立於權術之外，羅斯福就深諳此道。

源賴朝奇襲金砂城

在佐竹秀義防禦嚴密、軍心高昂的情況下，源氏沒有採取軍事強攻的手段，而是運用「內間法」爭取敵方內部要人，以此動搖敵方軍心，瓦解敵方陣營。

十二世紀時，日本有個常陸國，該國有一大武士團佐竹氏，「權威及境外，郎從滿國中」，首領佐竹秀義追隨平氏，拒不服從源賴朝。

於是，源賴朝決定舉兵收拾佐竹秀義，擴張自己的勢力。

一一八〇年陰曆十一月初四，源賴朝率軍進逼常陸國。任憑大敵當前，佐竹秀義就是不肯降服，源賴朝便發兵強攻。佐竹秀義抵擋不住，退守常陸國金砂城，據險構築城壘、加固要塞，進行死守。所構築的城塞，「非人力之可敗」，城內聚集之兵，「莫不以一當千」，源氏軍隊久攻不下，不免著急萬分。

此時，屬下有人獻上一計，說佐竹秀義的叔父佐竹藏人智謀勝人、欲心越世，可以收買利用。源賴朝立即採納建議，派上總介廣常去做策反工作。

上總介廣常見到佐竹藏人，開門見山地說：「近來，東部各國無論親疏，都已紛紛歸順武衛（指源賴朝）。武衛僅僅視秀義為仇敵，秀義指日可平，壽數已定。你與秀義雖是骨肉至親，但也不應坐視秀義之不義。如果你能及早奉歸武衛，協助討伐秀義，當可讓你接掌秀義領地遺產。」

藏人聞言心動，立即歸順了源賴朝，並親自為源軍當嚮導，抄捷徑奇襲金砂城，直搗佐竹秀義的巢穴。秀義及部屬顧不得防戰，紛紛棄械而逃。上總介廣常率軍乘虛攻入，一舉拿下了金砂城。

在佐竹秀義防禦嚴密、軍心高昂的情況下，源氏沒有採取軍事強攻的手段，而是運用「內間法」爭取敵方內部要人，獲得支持，並以此動搖敵方軍心，瓦解敵方陣營，最後趁亂而取之。

拿破崙利用矛盾分化敵人營壘

面對強大的反法聯盟，拿破崙深知僅僅依靠軍事手段來解除困境是行不通的。還要分化瓦解敵人營壘，把敵人營壘中的主要成員變為自己的盟友。

拿破崙在漫長的戰爭中，最主要的敵人是控制海上霸權的英國，因而他把爭取沙俄帝國作爲外交政策的一項重點。

拿破崙上台不久，就利用俄國和英、奧的矛盾，尋求與俄國接近的途徑。他在義大利戰場上與奧地利進行軍事較量的同時，也密切注視著俄、英兩國爲爭奪馬爾他而造成的嚴重對立，決計利用兩國之間的利害衝突進行分化。

一八〇〇年七月，拿破崙採取了一項重大的外交步驟。他通過外交部長塔列朗給沙俄政府一封信，表示法國可以立即和無條件地將六千名俄國戰俘送回俄國，並宣佈為每個戰俘配備新武器，發給新軍服。接著，拿破崙又給沙皇保羅一世寫信，重申法國抗擊英國保衛馬爾他的決心。

在拿破崙不斷拉攏下，沙皇保羅一世態度迅速改變。

保羅一世在登基諭告中曾經聲稱，要用一切手段推翻「狂暴的法蘭西共和國」，是歐洲封建干涉主義的主要鼓吹者與積極參與者。現在，他咒罵的拿破崙如此「友好」地對待俄國戰俘，並表示要保衛馬爾他不受英國侵犯，而自己的盟友英國卻「背信棄義」，把原由沙俄控制的馬爾他據為己有。

於是，保羅一世決定與法國建立友好關係，放棄干涉法國內政的政策，表示法俄兩大強國聯合起來，就能對其他地區發生有益影響，並且建議法國要在英國沿岸採取措施。

隨後，保羅一世宣佈對英國所有船舶的封港令，驅逐路易十八，派使者到巴黎簽訂和約，商討成立法俄聯盟事宜。他甚至計劃與法國聯合，把英國人趕出印度。

面對強大的反法聯盟，拿破崙深知僅僅依靠軍事手段來解除困境是行不通的。

還要通過政治或外交手段分化瓦解敵人營壘，把敵人營壘中的主要成員變爲自己的盟友，才能達到「不戰而屈人之兵」。

拿破崙抓住英俄矛盾的要害，以馬爾他問題大做文章，拉攏俄國和法國親近，藉以孤立和打擊英國，確屬上策。

羽翼既豐，清理門戶

桓帝誅滅梁冀以後，強化皇權，要想強化自己的權力，而不致為他人擺佈，在時機成熟之機，就必須當機立斷，翦除異己，不能絲毫手軟。

按照漢朝規制，在外為王侯者不能繼承大統，但東漢屢屢打破此項規制。原因是當權的外戚或宦官希望找一個年幼無知的小皇帝，以便繼續控制朝政，漢桓帝劉志的帝位就是因此僥倖得來。

本初元年（西元一四六年），身為大將軍的梁冀，因新立才八歲的漢質帝指責他是「跋扈將軍」，竟將質帝毒死。接著，朝中又要議立新帝。

當時梁冀考慮到劉志年方十五，容易操縱，提出要策立劉志：而太尉李固、司徒胡廣、司空趙戒爲了削弱梁氏力量，則主張迎立比較年長的清河王劉蒜。

特別是李固，爲人剛直不阿，對梁冀說：「我們策立皇帝，應選擇年齡大、聰明仁厚又能夠親理政務的人。希望將軍能細細考慮國家大計，借鑑周勃、霍光策立文帝、宣帝的長處，吸取鄧氏、閻氏立殤帝、北鄉侯的教訓。」

但梁冀不聽，召集三公、朝中二千石大臣、列侯一起來討論此事。結果李固、胡廣、趙戒及大鴻臚杜喬都認爲清河王「明德著稱」，且血緣與質帝最近，應立爲嗣；梁冀苦於找不到理由反對，只好宣佈暫停討論。

這時，宦官中常侍曹騰等人前來爲梁冀獻策說：「大將軍幾代和皇帝有婚姻之親，雖掌握朝政，但賓客縱橫，也多有過錯。如果眞策立清河王，此人嚴明，大將軍不久就要大禍臨頭。」

梁冀非常贊成他們的意見。第二天重新召集公卿討論，梁冀嚴厲逼迫群臣策立劉志。公卿大臣在梁冀淫威下只好順從，只有李固堅持己見。爲了消除阻力，梁冀就讓梁太后下詔罷免李固。不久，梁冀持節迎劉志入南宮即皇帝位。

劉志就這樣在外戚梁氏一手操縱下做了皇帝，史稱漢桓帝。

桓帝在位二十一年，前十三年基本是一個傀儡皇帝，梁太后臨朝聽制，梁冀把持朝政，他幾乎難以置喙。

梁冀策立桓帝後，權力達到頂點，桓帝對他極盡尊崇，可以「入朝不趨，劍履上殿，謁贊不名，禮儀比蕭何」；又增封其食邑爲四縣，賞賜金錢、奴婢、彩帛、車馬、衣服、甲第，還封其弟梁不疑爲穎陽侯，梁蒙爲西平侯，其子梁胤爲襄邑侯，其妻孫壽爲襄城君。

這樣一來，梁冀更加專橫暴虐，朝中大小政事，無不由他決定；百官的升遷任免，都要先到他家裡謝恩，才能到尙書台辦理手續；地方郡縣每年進獻的貢品，要先把上等的送給他，然後才把次等的獻給桓帝。此外，梁冀和妻子孫壽都窮奢極欲，搜刮財富，修建豪宅，殘忍貪暴，民憤極大。

漢桓帝對於梁冀的橫暴也早有怨恨，只是礙於他的兩個妹妹都在自己身邊，不敢發作。延熹二年，梁冀二妹梁皇后死，桓帝開始策劃誅滅梁氏。他去上廁所的時候，單獨叫上宦官唐衡，問他宦官中有誰和梁冀不和。唐衡回答有單超、徐璜和具瑗。桓帝於是與他們幾人密謀，決定誅除梁冀。

隨後，桓帝宣告要懲辦梁冀，命尙書令尹勳持節率丞郎以下守宮廷，收符節送省中；命黃門令具瑗將御林軍一千餘人，和司隸校尉張彪共同包圍梁冀住宅；命光祿勳袁盱持節收梁冀大將軍印綬，徙封爲比景都鄉侯。梁冀、孫壽即日自殺，梁、孫家族全部棄市。其他公卿大臣因牽連而死的數十人，故吏賓客被罷免的有三百多人，一時「朝廷爲空」，百姓莫不稱快。

桓帝誅滅梁冀以後，宦官單超、具瑗、唐衡等五人因謀誅梁冀有功，被同日封侯，世稱「五侯」，大權從此又落入宦官手中。

宦官五侯及其親屬專橫，不僅朝中正直官員反對，也引起了桓帝的擔憂，宦官們勢力強大，威脅到了皇權，所以桓帝對他們又慢慢開始限制。

桓帝先是重用宦官侯覽等人分奪他們的權力，繼而對他們進行打擊。

不過，桓帝對於宦官五侯的抑制，只是爲了強化皇權，並不想清除，故而對他們略爲抑制後，大權還是交給了他們。

要想強化自己的權力，而不致爲他人擺佈，在時機成熟之機，就必須當機立斷，翦除異己，不能絲毫手軟。

過河拆橋是常見的手段

過河拆橋，是權力場上慣用的手段，也是上位者保全自身的方略，作為部屬，應當謹慎提防此道，才能避免陷入悲劇的漩渦之中。

西元前六五一年夏天，晉獻公病重，臨死時，將年少的兒子奚齊託付給老臣荀息，並且任命他爲宰相，主持國政，輔佐少主。

先前晉獻公逼死太子申生、逼走公子重耳與夷吾時，大臣里克爲了避禍全身，一直採取中立立場。晉獻公一死，里克無所顧忌，與丕鄭一起召集申生、重耳、夷吾的黨羽，策劃了廢掉奚齊、擁立重耳的陰謀。

他先勸說宰相荀息改變立場，但荀息執意不肯違背晉獻公託孤時自己立下的誓言，他便不再理會荀息，在晉獻公停屍的地方殺掉奚齊。荀息下葬了晉獻公後，擁立奚齊的弟弟悼子爲君，里克又在朝上把悼子殺死，荀息無奈，只得以身殉死。

晉國的君位空出後，里克和邳鄭派屠岸夷去對流亡中的重耳說：「現在國內形勢混亂，百姓不安，正是坐江山收民心的時候，您何不歸國呢？如果您回國即位，我們將爲您開道。」

重耳徵求咎犯的意見，咎犯認爲時機還不成熟，重耳便拒絕屠岸夷道：「我違背父命，出逃在外；父親去世後又不能謹守孝道，侍喪亡父身邊，我怎敢回國即位？大夫還是擁立先父其他的兒子吧。」

此時，客居於梁國的夷吾極想回國即位，里克派人去迎請他時，他馬上就想答應下來，但他的部下呂省、郤芮勸他道：「現在國內還有可以擁立的其他公子，里克卻派人來國外找您，這不能不教人懷疑。看來非得憑藉秦國的勢力回國不可，否則恐怕有危險。」

夷吾採納了他們的建議，一方面派郤芮去賄賂秦國，約好如得秦國的鼎助回國即位，就把晉國的河西之地送給秦國；另一方面又寫信給里克說：「如果眞能即位，我就把汾陽的一百萬畝田地封給您。」

於是，秦穆公便發兵護送夷吾歸國。齊桓公聽說晉國內部動亂，也率領諸侯前去晉國；秦、齊諸國共送夷吾回晉後，里克等人擁立他爲君主，史稱晉惠公。

晉惠公即位後，不想實現自己的諾言，便派丕鄭前往秦國，婉轉地說道：「當初我許諾把河西土地奉送給您，而今有幸歸國得以即位，言及土地事時，大臣們都說：『土地是先君的，您逃亡在外，有什麼權力擅自決定把土地送給秦國？』我據理力爭，但無法改變他們的意見，現在只好向您道歉。」

至於對給里克田地之事，晉惠公壓根沒再提過。

不僅如此，他還剝奪了里克的實權。想到重耳還在國外，晉惠公對已無權力的里克還是放心不下，總是擔心他會像對待奚齊、悼子那樣對自己下毒手，於是決定賜里克自殺。

他對里克說道：「如果沒有您的幫助，我當不上君主。雖然如此，但您殺了兩位君主、一位大夫，現在做您的君主，實在令人爲難啊！」

里克憤然說道：「不廢掉舊有的勢力，您如何能夠繼承君位？眞是欲加之罪，何患無辭！您居然說出這種話來，我俯首聽命就是。」

說完，里克便伏劍而死。

過河拆橋，是權力場上慣用的手段，也是上位者保全自身的方略，作爲部屬，應當謹愼提防此道，多行正直之事，令領導者少生防己之心，這樣，才能避免陷入悲劇的漩渦之中。

孫休暗渡陳倉翦滅敵手

暗渡陳倉之計，離不開明修棧道，而修棧道的目的，是為了削弱敵人的力量，減少自己行動的損失，孫休的種種舉措，達到了這個目的。

孫休是由權臣孫綝擁立的吳王，他一直假意和孫綝交好，暗地裡卻一直尋找著誅殺他的時機。

西元二五八年九月，吳國權臣孫綝兵圍王宮，奪吳王璽綬，逼群臣同意廢黜吳王孫亮，迎立琅琊王孫休爲吳主，於是派人送書給孫休，指斥廢帝孫亮親近劉承、全尚等佞臣，沉溺美色，搜取民女，不聽勸諫，濫殺無辜大臣，爲此自己推案舊典，運集大王，且百官立於道側「迎侯王即帝王」。

十月十八日，孫休將到建業，孫綝的弟弟孫恩代執丞相職事，奉上玉璽，孫休再三辭讓，始接受皇帝璽綬。孫綝率士兵千人迎至建業城郊外，拜於道旁，孫休也立即下車答拜。

當天孫休宣佈大赦天下，改吳國年號為永安。

這時，孫綝又上殿交上印綬，自稱草莽臣，詣闕上書說：「臣自省才非國家幹臣，雖位極人臣，不過因緣肺腑，傷錦敗駕、罪負彰霸。陛下以聖德承大統，宜得良輔，但自思無益於朝政，故承上印綬，退還故也，以求避讓進賢之路。」

吳王孫休趕快引進於殿，好言慰解，下詔明示：大將軍孫綝忠計內發，扶危定傾，為安康社稷，立有赫赫功勳，今以孫綝為丞相、荊州牧，增加封邑五縣。孫綝之弟孫恩為御史大夫，衛將軍、中軍督，封為縣侯。孫據為右將軍，封縣侯。孫幹、孫均授將軍職，封為亭侯。

孫休由瑯琊王被擁立為吳王，是在吳國朝廷內部權力鬥爭白熱化的形勢下，吳王孫亮被黜廢，權臣孫綝因為顧及非議，暫時採取的權宜之計。孫休上台後，心裡也非常清楚，東吳自孫權晚年以來，朝政人事更迭頻繁，互相傾軋殘殺從來沒有停止，要想穩固自己的皇位，非除去強臣孫綝不可。但自己在建業城中力量不強，硬對硬的拼鬥，只會重蹈孫亮覆轍。

所以，登台伊始，孫休爲了穩住孫綝，極力予以籠絡。孫綝一門，五人被封侯，且都是典掌禁兵，成爲東吳以來，朝臣中罕見享受的榮耀。

接著，他又對外明示無久居皇位之心，鬆懈孫綝等人的警惕性。當朝臣奏稱請立皇太后、皇太子時，孫休明確下詔，「我以微薄之力，繼承東吳大業，繼位初始，並沒有廣施恩澤，后妃名號、嗣子之位，並非緊要之事」，一再拒絕朝臣奏請。

孫綝擁立吳王並非出於眞心，一直對帝位躍躍欲試，遣人迎立孫休的時候，還想佔居帝位。當時孫休正於馳往建業的路上，孫綝打算搬進宮廷居住，且召集京城百官商議。

群臣見狀，大驚失色，但畏懼孫綝手握兵權，都保持沉默，不肯公開表態。只有選曹郎虞汜挺身而出說：「明公現在是東吳的伊尹、周公，擔當將相重任，執掌吳王廢立的大權，居上安定宗廟社稷，下施恩惠於平民百姓，上上下下，大大小小，都爲您歡呼雀躍，把您看作是商朝的伊尹，漢代的霍光再世。現在琅琊王還未來，您卻想入宮，這樣群臣百姓之心將為之動搖，人們會疑惑不解，此舉非發揚忠孝、揚名後世的做法啊！」

面對虞汜明褒暗貶的勸諫、群臣的沉默態度，孫綝雖然心中不滿，但不便公開抗對，入宮的盤算只好暫時作罷。

孫休即位不久，孫綝就帶著牛和酒進奉，孫休以群臣送禮一律不收為由婉拒，孫綝乾脆轉送到左將軍張布府裡，張布趕緊設宴款待。酒酣意濃時，孫綝大聲抱怨：「當初廢掉少主時，不少人勸我自立為君，我以為皇上賢明，故此迎立。皇上沒有我，哪能有今天？現在我給皇上送禮，都遭拒絕，這是把我與其他大臣同樣看待，無所區別，我應當再立他人才是。」

張布聽了這番話，趕緊報告孫休。

孫休見孫綝已萌發政變之意，急思對策，決定施行暗渡陳倉之計，佯攻偷襲。孫休先是屢次賞賜孫綝，表示對他寵信有加。某次，有人上朝密告，說孫綝心懷怨恨，欲圖謀反，請吳王注意。孫休聽到後，不僅不予獎賞，反而把人拘起來送給孫綝處置，以示對孫綝堅信不疑。

孫綝這時又透過別人，要求帶兵外出駐屯武昌，孫休立即答應，結果孫綝自己率領中軍萬人，盡取京都武庫中的兵器，一齊裝船馳往武昌。孫綝還要求把朝中中書兩郎帶走，典領荊州軍事。當時，主管者聲言中書郎官不應離京外出，但孫休特地縱容孫綝，允許他帶走。

孫休以上措施，削弱了孫綝在朝中的力量。把告密者送交孫綝處理，表面上顯示對孫綝的相信，實際上是暗示孫綝在京謀反不會成功，不可造次。果然，孫綝心虛，把自己的親信精兵，趕緊運往荊州，甚至要破例帶走中書兩郎。

在吳王孫休看來，孫綝把親信帶走，當然是越多越好，將這些人強留在京城，只是增加孫綝的羽翼勢力，所以對於此類請求，孫休都痛快地答應，最後終於成功誅殺孫綝。

暗渡陳倉之計，離不開明修棧道，而修棧道的目的，是爲了削弱敵人的力量，減少自己行動的損失，孫休的種種舉措，達到了這個目的。

蔡鍔保存力量，以退為進

蔡鍔看到部隊經過整休，戰力恢復，遂命令部隊全線反攻。經過七晝夜的激戰，袁世凱的兩張王牌吳佩孚、張敬堯部隊屍橫遍野，幾乎全軍覆滅。

一九一六年護國戰爭初期，蔡鍔的護國軍順利佔領了瀘州、敘府等軍事要地，袁世凱的前線三萬多部隊受到重創。

袁世凱驚駭不已，慌忙大規模地調整增援部隊。

二月中下旬，袁世凱的援川部隊陸續到達，僅在瀘州附近集結的軍隊就達十萬多人，袁軍倚仗人多勢衆和剛出師的銳氣，在重機槍掩護下，輪番向護國軍發起猛烈進攻。

護國軍晝夜戰鬥，消耗很大，傷亡漸多。面對非常時期，蔡鍔一面宣佈要盡力節省彈藥，用鐵桶放鞭炮等方法來迷惑敵人，一面將總司令部移至納溪，冒著槍林彈雨，親臨前線督戰。

官兵們見狀士氣百倍，英勇衝殺。

但一個多星期後，官兵們已極度疲倦，彈藥也供應不上。蔡鍔沉思，如果再死戰下去，護國軍必將全軍覆沒，護國討袁革命計劃只會付諸東流。

為了保存有生力量，避免不必要的犧牲，二月中旬，蔡鍔採納總參謀長羅佩金的建議，實施戰略撤退：中路出瀘州，在納溪與北洋軍隔江對峙；左翼出敘府，右翼也退至黔邊。

這次戰略撤退有條不紊，首尾相應，老百姓也都含淚送別，沿途城中居民都在門前點上一盞燈，照著部隊行路，許多士兵感動地流下眼淚。

曹錕佔領敘府、瀘州後，立即向袁世凱報捷，大肆宣揚「輝煌戰果」。陳宧也報告，川軍統領柏起光率一支奇兵進入了滇北。幾乎同時，周文火而在湘西佔領麻陽，龍觀光侵入漠桂邊界，龍少臥由雲南江邊逢春嶺進入建水。

袁世凱與高采烈，欣喜若狂，又積極籌備登基，以為蔡鍔再也沒有力量，再也不敢討伐自己。

然而蔡鍔退卻後，不但沒有消沉，反而積極籌備更有效的進攻。

蔡鍔先給唐繼堯發了一份電報曉以大義，鼓舞他們的革命鬥志，並派趙仲奇和黃毓成兩部回援，同時宣佈前方少校以上軍官各降一級，作為戰事失利的處分。

當護國戰爭處於危急的關頭，一些事先答應舉義的省份，都紛紛坐視觀望。特別是廣西的陸榮廷，態度十分曖昧。廣西不回應，第二軍李烈鈞就無法通過廣西，進取湖南、江西，與第一軍在武昌會師。

於是，蔡鍔急電梁啓超，請他加速策動廣西舉義。梁啓超立即派與日本政界較熟的密友周善培赴日，得到日本犬養毅無條件提供價值百萬日元的槍械援助，在梧州交付廣西，以解決槍械之不足。

隨後，陸榮廷派唐伯珊、陳協五到上海，邀請梁啓超去廣西，表示所到之日，即為獨立之時。梁啓超考慮到「滇黔生死，且全國國命所託」，一路上歷經艱險，終於到達廣西。

十五日，陸榮廷即與梁啓超聯名發表致北京最後通牒電和致各省通電，宣佈廣西獨立，陸榮廷就任都督兼護國軍兩廣總司令。

袁世凱如遭當頭一棒，沒料到形勢會發生急轉直下的變化。

三月十七日，蔡鍔看到部隊經過整休，戰力恢復，廣西獨立又大振軍心，遂命令部隊全線反攻。

經過七晝夜的激戰，護國軍佔領了納溪、江歲、南川、彭水、綦江等要地。袁世凱的兩張王牌吳佩孚、張敬堯部隊屍橫遍野，幾乎全軍覆滅。

做著皇帝夢的袁世凱驚慌失措，被迫於三月二十二日取消帝制，委派徐世昌、黎元洪、段祺瑞與護國軍議和。

蔡鍔退卻保存實力，再積極進攻，護國戰爭終於取得徹底勝利。

【第3章】

以火佐攻者明

《孫子兵法》說：「以火佐攻者強」，強調火攻的效用。孫子認為，火攻勝過水攻。水攻只能起到阻隔敵軍的作用，火攻不但可以配合主力攻擊敵人，而且能夠殺傷敵軍有生力量、焚毀敵方戰略物資，效用顯而易見。

博望坡火燒曹軍

博望坡火燒曹軍，諸葛亮小試牛刀，巧妙地運用了自然的力量，而且胸有成竹，運籌於帷幄之間。在以後的赤壁之戰中，更是巧借東風火燒連船。

劉備三顧茅廬之後，終於將諸葛亮請出山，拜爲軍師，待之以老師之禮，經常說：「我得孔明，就像魚得到水一樣。」

關羽和張飛見劉備重用一介書生，不明白其中的原因，心中有些不服。

不久，曹操派夏侯惇領兵十萬，殺奔新野而來。當時，劉備軍隊只有幾千人，與曹軍作戰勝利的可能性很小，但諸葛亮卻胸有成竹。雖然他自從受聘以來，第一次與敵人對陣，而且衆將不服，但劉備很信任他，賜與尙方寶劍，命他指揮戰鬥。

諸葛亮有了尙方寶劍在手，召集衆將前來聽令：「博望坡左邊有山，名叫豫山；右邊有林，名叫安林，可以埋伏兵馬。關羽領兵一千埋伏於豫山，敵人到時，不可與敵，放過來便是。敵人的糧草輜重必在後面，只要看到南邊起了火，就出兵進攻，放火燒他們的糧草。張飛領一千人去安林後面山谷中埋伏，看到火起，便去博望坡放火燒敵屯糧之所。關平、劉封帶領五百人，預備引火物，到博望坡兩邊守候，等到敵人兵到，便可放火。趙雲領兵爲先鋒前去迎敵，不許贏，只許輸。主公，您領兵一千爲趙雲後援。大家要依計而行，不許違令。」

衆將只見孔明一人清閒無事，心中不平，但尙方寶劍在，又不能說什麼，只好依計而行。孔明又命人準備慶功喜筵，準備記功簿，專等諸將得勝回朝。

卻說夏侯惇與于禁等人領兵到了博望坡，留一半人保護糧草在後慢行，自領一半精兵向前趕來，趙雲領兵一千前來應戰。

戰不多時，趙雲詐敗回走，夏侯惇率軍追趕。趙雲且戰且退，趕到博望坡，忽聽一聲炮響，劉備引軍衝殺而來，夏侯惇大笑說：「這便是敵人的埋伏了，不過千人而已。」立即引軍上前。

劉備、趙雲戰不多時，敗回便逃，夏侯惇窮追不捨。這時天色已晚，濃雲密佈，風越來越大，道路越來越窄。于禁急勸道：「小心敵人火攻。」一語未完，只聽背後喊聲大起，關平、劉封所率士兵四處放火，烈焰滾滾，曹軍人馬大驚。

趙雲回軍掩殺，曹軍爭相逃命，自相踐踏，死傷不計其數。曹軍糧草被張飛放火燒淨，博望坡被關羽搶佔。這一仗直殺到天明，殺得曹軍屍橫遍野，血流成河。夏侯惇收拾殘軍，驚魂未定，回許昌去了。關、張、趙、劉等人率軍得勝回師。

博望坡火燒曹軍，諸葛亮小試牛刀，巧妙地運用了自然的力量，而且胸有成竹，運籌於帷幄之間。在以後的赤壁之戰中，更是巧借東風火燒連船，說明了高明的指揮官要善於利用天時的威力，這樣可以收到兵不血刃的功效。

官渡之戰以火助攻

曹操消滅了袁兵七萬多人，袁紹倉皇退回了河北，曹操在敵強我弱的形勢下，出其不意以火助我，燒掉袁紹的糧草，亂其後方，大獲全勝。

官渡之戰發生在東漢末年三國鼎立局勢形成之前，當時，東漢王朝已經名存實亡，各地、州豪強官吏以鎮壓黃巾之亂爲名佔據地盤，擴大、發展勢力範圍，形成了許多大大小小的割據勢力。這些割據勢力之間連年征戰，互相兼併，全國上下出現了軍閥混戰局面。

曹操與袁紹兩大割據集團，到西元一九九年夏，大致形成了沿黃河下游南北對立的局面。爲了進一步稱霸中原，袁紹準備南下與曹操決戰。當時，袁紹擁軍數十萬，具有較強的實力；曹操不僅兵力不如袁紹衆多，且南面有荊州劉表、江東的孫策與他爲敵，處於不利的地位。但是，曹操客觀地分析了袁紹兵多但內部不團結，而且袁紹性格疑忌，驕傲輕敵，常常貽誤有利戰機的情況，決定以自己所能集中的數萬兵力抗擊袁紹的進攻。

曹操經過對敵我雙方兵勢情況的分析，決定採取以逸待勞、後發制人的戰略方針。他將主力調到黃河南岸的官渡，阻擋袁軍的正面進攻，同時派于禁屯守黃河南岸的重要渡口延津（今河南延津北），協助扼守白馬（今河南滑縣東）的東郡太守劉延，阻滯袁紹軍渡河和長驅南下進攻。

西元二〇〇年正月，袁紹發佈聲討曹操的檄文。

二月，袁紹大軍開進黎陽（今河南浚縣東北），企圖渡河尋求曹軍主力決戰。袁紹首先派大將顏良進攻白馬的東郡太守劉延，奪取黃河南岸要點，劉延在白馬堅守城池，士兵傷亡嚴重。

這時，曹操的謀士荀攸向曹操獻計說：「我軍兵少，集結在官渡的主力也只有三四萬人，要對付袁紹衆多的兵力，正面交鋒恐怕不易得手，應設法分散袁紹的兵力。」他提議曹操引兵先到延津，佯裝要渡河攻擊袁紹後方，這樣，袁紹必然分兵向西；然後曹軍再派輕裝部隊迅速襲擊進攻白馬的袁軍，攻其不備。

曹操採用了荀攸聲東擊西之計，袁紹果然分兵增援延津。曹操見袁紹中計，立即調頭率領輕騎，派張遼、關羽爲前鋒，急趨白馬。關羽迅速迫近袁軍，刺顏良於萬衆之中，袁軍大亂，紛紛潰散。

袁紹圍攻白馬失敗，並喪失了一員大將，十分惱怒。

於是，袁紹領軍進至延津以南，派大將文醜與劉備率兵追擊曹軍。曹操命令士卒解鞍放馬，又故意將輜重丟棄道旁，引誘袁軍。待袁軍逼近爭搶輜重時，曹操才命令上馬，突然發起攻擊，打敗了袁軍，殺了文醜，順利地退回官渡。

白馬、延津兩次戰鬥是官渡大戰的前哨戰，袁軍雖初戰失利，但兵力仍佔優勢。七月，袁紹進軍陽武（今河南中牟北），準備南下進攻許昌。

這時，沮授勸袁紹說：「我方士兵雖多，但不及曹軍勇猛。曹操的糧食、物資不如我們多，速戰對曹軍有利而對我們不利，我們應用曠日持久的辦法消耗曹軍的實力。」

但是，袁紹不聽。袁軍於八月逼近官渡，雙方在官渡相對峙。九月間，曹操向袁紹軍發起了一次進攻，但未能取勝。此後，曹操便深溝高壘，固守陣地，雙方你來我往相持了大約三個月。

在相持過程中，曹操一方面加強防守，命負責供給糧秣的官員想法解決糧草補給問題；另一方面則積極尋求和捕捉戰機，想給袁軍以有力的打擊。

曹操決定以截燒袁軍糧食的辦法爭取主動，先派人把袁紹將領韓猛督運的數千輛糧車截獲燒掉了。不久，袁紹又把一萬多車糧食集中在烏巢，派淳于瓊等率軍保護。沮授鑑於前次糧草被燒，便建議袁紹另一派一支部隊駐紮在淳于瓊外側，兩軍互為犄角，防止曹軍抄襲。

袁紹覺得此舉多餘，沒有採納。

恰巧在此時，謀士許攸的家屬在鄴城犯了法，被關押起來。許攸一怒之下，星夜離開袁營，投奔曹操，曹操熱情地迎接他。

許攸見曹操重視自己，就向他介紹袁軍的情況並獻計說：「袁紹的輜重糧草有一萬多車在故氏、烏巢、屯軍防備不嚴。如果以精兵襲擊，出其不意燒掉他的糧草，不出三天，袁紹必定失敗。」

這時，糧食是關係對雙方勝敗的關鍵，許攸的建議，正符合曹操尋找戰機出奇制勝的作戰意圖。曹操毫不遲疑地立即實行，留曹洪、荀攸等守大營，自己親率步騎五千前往攻打烏巢。

曹軍一行一律改穿袁軍的服裝，用袁軍的旗幟，夜間從偏僻小道向烏巢進發，到達後立即放火燒糧。

袁軍大亂，淳于瓊等倉促應戰。

袁紹得知這一情況後，又做出了錯誤的決策，不派重兵增援淳于瓊，反而認爲這是攻下官渡的好機會，命令高覽、張郃等大將領兵去攻打曹軍大營。

曹操得知袁軍進攻自己大本營的消息後，並沒有馬上回救，而是奮力擊潰淳于瓊的軍隊，將袁紹積存的糧食全部燒掉。

烏巢糧草被燒光的消息傳到袁軍前線，袁軍軍心動搖。這時，曹操趁機率軍全面發起攻擊，迅速消滅了袁兵七萬多人，袁紹倉皇退回了河北，官渡之戰以曹勝袁敗而告結束。

在這場戰鬥中，曹操善於捕捉戰機，能夠根據戰場勢態的發展靈活地變換戰術，以正兵抵擋袁軍的進攻，以奇兵襲擊袁軍的屯糧庫，燒毀了袁軍的全部糧草，使袁軍軍心動搖，內部分裂，最後擊敗了袁軍，創造了中國歷史上以弱勝強的著名戰例。

同時，這也是以火佐攻的戰例，曹操在敵強我弱的形勢下，出其不意以火助攻，燒掉袁紹的糧草，亂其後方，大獲全勝。

朱元璋順風放火燒毀連環船

陳友諒犯了曹軍赤壁之戰的毛病，朱元璋正好來了個赤壁翻版，以火攻將對付陳友諒的連環船，不費吹灰之力便消滅了陳軍的大船。

西元一三六三年，朱元璋和陳友諒兩軍爭奪天下，在鄱陽湖展開一場惡戰。當時，陳友諒為了便於作戰，把巨艦全都連在一起，擺成長蛇陣，船上高擎戰旗和望台，遠遠望去像堅不可摧的一座座高山。朱元璋的船隻太小，不能仰攻，雙方在鄱陽湖連戰三日，朱元璋逐漸顯出劣勢。

後來，朱元璋的部將郭興建議用火破敵。

於是，朱元璋命令準備七條小船，船上裝滿火藥等易燃之物，並命令士兵紮許多手持武器、頂盔貫甲的草人排列在小船上。

這天，七條裝好火藥、草人的小船已整裝待出。到了下午，恰好東北風起，朱元璋命令對陳友諒軍船發起進攻，船順風飛速而行，將近敵船時，朱元璋下令點燃船中的草人、火藥。

陳友諒軍見朱船進攻，以爲船上都是士兵，只顧著迎戰，卻疏忽了防火。火船點燃後，乘著風勢瞬間就燃著了敵船。

一時間，火借風勢，風助火威，只見煙焰沖天，陳友諒連在一起的幾百隻船同時被點燃，湖水都被映得通紅。陳友諒軍一半被燒死或者淹死，朱元璋乘機指揮大軍掩殺，大獲全勝。

陳友諒犯了曹軍赤壁之戰的毛病，朱元璋正好來了個赤壁翻版，以火攻將對付陳友諒的連環船，不費吹灰之力便消滅了陳軍的大船。風與火的結合，威力確實是驚人！

李成梁借風點火破強敵

李成梁令明軍借風縱火，霎時間，火勢大起，迅速蔓延，很快就燒掉了王杲寨中五百餘間房子和全部糧草，王杲部隊頓時土崩瓦解。

明朝萬曆二年，蒙古部落的速把亥、歹青等人集兵，準備大舉進犯遼瀋地區。努爾哈赤的外祖父，建州右衛都指揮使王杲聞訊後，急忙集結各部五千餘騎，欲與他們配合，並打算從東州附近的五味子沖發動進攻。明將李成梁急忙遣調重兵部署，決定用武力圍剿。

王杲率五千騎襲來時，遭到明軍強而有力的還擊，王杲受挫退守古勒寨，試圖憑藉深池高壘固守抵抗。

萬曆二年十月十日，明軍發起全面猛烈進攻，一時間火炮、火槍、火箭齊發，但無法轟開堅密的木柵，用斧子砍也不能短時間砍開，明軍士兵只好攀援木柵而過。這時，王杲命部下射箭、拋石頭，明軍攻勢受挫。

李成梁親自督陣，下令後退者斬。明軍再次拼死往上衝，終於攻克了東北和西南兩面，王杲部衆退到了寨中一座高大的台子處，居高臨下，以射箭、投石子再次阻遏了明軍的攻勢。

李成梁心急如焚，在這千鈞一髮的時刻，突然刮起了大風，而明軍是順著風攻擊，能不能利用風勢呢？

突然，一個念頭在李成梁腦中閃現，「火攻」！他立即令明軍借風縱火，霎時間，火勢大起，迅速蔓延，很快就燒掉了王杲寨中五百餘間房子和全部糧草，王杲部隊頓時土崩瓦解。

這場大風眞是天賜良機，李成梁把握住了機會借風點火，順利擊潰了進犯的女眞部隊！

乘霧進軍，平定雲南

沐英利用濃霧天氣進軍，悄悄地接近敵人，突然出現在敵人面前，讓對方產生恐懼感，繼而擊潰對方，這是善於帶兵的表現。

朱元璋攻克大都，推翻了元朝，但邊遠地區還殘存元朝的勢力。西元一三八三年，洪武十四年，朱元璋派義子沐英、藍玉隨傅友德一起去消滅雲南的元朝殘部。

沐英率領部隊乘濃霧，悄悄地進抵曲靖附近的江邊。當霧散去之時，對岸的元軍大吃一驚，發現明朝的大軍已經到達。

這時，主將傅友德要下令渡江，沐英勸道：「我們一夜奔襲，將士們都很疲勞了，不如下令休息，以免敵人以逸待勞。」

傅友德聽了覺得有理，就同意了。

事實上，沐英所說的休息不過是做做樣子給對岸敵人看的，目的是爲了麻痺敵人，鬆懈他們的警戒。他暗中派兵從下游渡江，元軍在下游的佈防很鬆散，很快就被明軍突破防線。

明軍上岸後，立即登上山巔，豎起明朝的旗幟，還把軍號吹得天響。

守衛曲靖的元軍眼看下游山巔上明朝旌旗飄揚，山間迴響明軍的號角，感到大勢已去，軍心頓時渙散。

沐英趁這時指揮部隊渡江，向曲靖殺去。由於元軍喪失鬥志，明軍順利地渡過江，擊敗守敵，活捉元軍主帥。曲靖這關鍵一仗打下來，明軍如秋風掃落葉，很快消滅雲南境內元軍的殘餘部隊。

沐英利用濃霧天氣進軍，悄悄地接近敵人，突然出現在敵人面前，讓對方產生恐懼感，繼而擊潰對方，這是善於帶兵的表現。

元軍利用地形和天候殲滅金兵

蒙古兵選取於己有力的地勢，趁雨雪交加的天氣與金兵作戰，把十倍於己的金兵死困於狹小的山谷。金兵禁不起蒙古騎兵的攻擊，最後全軍覆沒。

一二三一年秋，蒙古大軍兵分三路，會攻金國都城汴京。拖雷與速不台率領的右路軍經寶雞入關，假道宋境進入唐、鄧兩州，與已經聚結於鄧州西邊的金將完顏合達的大軍相遇。

當時完顏合達統領步兵二十五萬、騎兵二萬人，而拖雷僅有三萬多兵馬，衆寡懸殊。速不台對拖雷說：「金軍將士習慣生活於城市之中，不耐勞苦，不善野戰，我軍要不斷地挑戰，誘使敵人奔波於山野之間，待其疲憊不堪之時，再與之決戰，定能取勝。」

此時，金兵已在鄧州西南的禹山分據有利地形嚴陣以待。拖雷與速不台和金兵短兵相接後詐敗誘敵，金將不敢追擊，堅守不動。幾天後，蒙軍伏兵打敗了入鄧州就糧的金軍，進而圍攻鄧州。

為了誘敵出城，達到在運動中殲滅敵人的目的，三日後蒙軍撤圍北進，擺出要深入金國內地、進攻汴京的姿態，連續攻克所過的州縣。完顏合達不敢怠慢，急忙率步騎十五萬尾隨其後。

拖雷按速不台的計策，派三千騎兵繞到敵軍背後伺機襲擾，而蒙古大軍在前徐徐行進。金軍欲戰，蒙古人則退，金軍雖窮追不捨，怎奈步兵行動遲緩，無法追上蒙古騎兵，與蒙古軍始終保持一定的距離。

入夜之後，速不台又令蒙古軍分成小隊騷擾金軍營盤，讓他們徹夜不得安寧。金軍由於連日行軍，且行且戰，晝夜受到蒙古騎兵騷擾，加上天寒地凍，糧草不繼，戰鬥力銳減。

一二三二年正月，拖雷軍與口溫不花親王統率的萬餘騎兵會合，在鈞州以西的三峰山待機迎敵。

時逢雨雪交加，看不見前方五百米，金軍行至三峰山，距鈞州僅十餘里，發現蒙古軍已在前方不遠的地方佈陣，遂匆忙列陣近戰。戰鬥開始後，蒙軍佯敗，退卻誘敵，金軍萬餘騎兵自山上向下攻擊，遭到蒙軍的猛烈反擊。

由於山地狹窄，金軍十幾萬人馬無法展開，一部分軍隊在前面作戰，另一部分只好在後面觀看，而蒙軍卻充分展開兵力，將金軍團團圍住，四面進攻。戰鬥正酣時，天空忽降大雨，戰地內積水盈尺，人馬踐踏，泥沼沒脛。被困於山野的金軍將士，被甲僵立雨中，許多軍士已多日沒有進食，疲勞饑寒，難以支持，無心戀戰。至於蒙軍，則輪番休息吃飯。

戰鬥過一段時間，速不台料敵人已完全喪失了鬥志，便下令在包圍圈的東北方留出一個缺口，故意放敵人逃奔鈞州。

求生心切的金軍將士立即奪路而逃，喧嘩之聲如山崩地裂，頃刻間全線崩潰，蒙古騎兵則在逃命的金軍兩側猛烈追殺，如同猛虎驅羊群一樣。在金軍奔逃的十幾里路途上，屍橫遍野，敗逃的金兵中途又遭蒙古伏兵截殺，最後完顏合達僅率數百騎進入鈞州。

隨後，蒙古軍迅速攻破鈞州，完顏合達被俘。

此戰致使金國精銳的陝西、河南兩省十幾萬軍隊全部覆沒。蒙古軍以少勝多，創造了戰爭史上的又一個奇蹟。

一二三三年，速不台率軍攻克汴京，翌年春天，金哀宗自焚，金國滅亡。

蒙古兵選取一個於己有力的地勢，趁雨雪交加的天氣與金兵作戰，把十倍於己的金兵死困於狹小的山谷。在這樣惡劣的天氣作戰，金兵本已疲憊不堪，禁不起驍勇善戰的蒙古騎兵的攻擊，最後全軍覆沒。

竇建德利用濃霧掩護

大霧瀰漫，辨不清方向，隋軍潰不成軍，薛世雄在慌亂中僅帶著數百名騎兵奪路奔逃。起義軍取得了河間之戰的重大勝利，創造了乘霧殲敵的典型戰例。

隋朝末年天下大亂，十八路反王之一的竇建德在河間府地界築壇封賞，自稱長樂王，後來改稱夏王。

隋王朝見竇建德的力量一天天發展壯大，就命令薛世雄領兵三萬前去征討。薛世雄進駐到河間城南的七里井，準備一舉殲滅夏軍。竇建德卻將精銳部隊埋伏在附近的草澤中，又命所屬各縣城官員撤退，藉以麻痹敵人。

薛世雄果然中計，以爲竇建德害怕官兵，就放鬆了戒備，不但自己飲酒作樂，而且還讓部隊放心休息。

竇建德一切準備就緒，專等有利時機發起戰鬥。

一天早晨，濃霧瀰漫，到處白濛濛一片，看不清遠處的人煙。竇建德認爲作戰時機已到，率部衆向隋軍發起進攻。

只聽見一聲巨響，起義軍從四面八方向隋軍進攻，隋軍遭到突然襲擊，頓時亂成一團。薛世雄對當地的地形不熟悉，加上大霧瀰漫，辨不清方向，不知道該怎麼辨才好。

相對的，起義軍熟悉地形，主動出擊，英勇頑強，把隋軍打得到處亂逃，潰不成軍，薛世雄在慌亂中僅帶著數百名騎兵奪路奔逃。起義軍取得了河間之戰的重大勝利，創造了乘霧殲敵的典型戰例。

大霧迷漫的時候會造成視覺上的障礙，竇建德利用濃霧掩護襲擊隋軍，使得薛世雄部隊潰敗。弱者與強者競爭時，以卵擊石無異於自取滅亡。此時，應沉著應對，冷靜而慎重地辨明其虛實，乘其不備，避實擊虛，才能既保存己方實力，又重擊敵方力量。

雨中殲滅「俾斯麥號」

各種口徑的炮彈雨點般飛向「俾斯麥號」，「俾斯麥號」變成了一堆濃煙烈火中的廢鐵，連同呂特晏斯在內的一〇八七名官兵一同沉入了大西洋。

在一九四〇至一九四一年冬季作戰勝利的鼓舞下，德國海軍在一九四一年五月決定再次出發，襲擊英國在大西洋上的護航艦隊。因爲他們手中有了一張王牌——剛剛服役的「俾斯麥號」戰列艦。

「俾斯麥號」防護性能極好，是當時世界上最強大的戰列艦，被希特勒稱爲德國海軍的驕傲。

一九四一年五月十九日晚，「俾斯麥號」在「歐根親王號」巡洋艦的伴隨下從格丁尼亞秘密啓航，指揮官是被英國人稱爲「德國水面艦艇最優秀指揮官」的呂特晏斯上將。

德艦穿過卡特加特海峽及斯卡格拉克海峽後，駛抵挪威南部的貝根峽灣。五月二十一日午夜，「俾斯麥號」和「歐根親王號」悄悄離開了貝根，呂特晏斯企圖藉著大霧的掩護避開英軍，神不知鬼不覺地穿越丹麥海峽，然後突然出現在大西洋上的英國運輸船隊面前。

可是，早在五月二十日，「俾斯麥號」經過瑞典沿海時，便被英國情報人員發現了。二十一日上午八時，英國海軍部接到了一份密電：「俾斯麥號出動了！」英國海軍部的氣氛頓時緊張了起來。每個人心裡都十分清楚，「俾斯麥號」太強大了，任何一艘英國戰艦均無力單獨抗擊它，一旦它突入了大西洋，將給英國帶來極其嚴重的威脅。

唯一可行的辦法就是調集一切可能調動的艦隻，集中兵力攔截、包圍，擊沉「俾斯麥號」，根除這個心腹大患。

五月二十二日，不顧惡劣的天氣，一架英軍偵察機飛臨貝根，發現德艦已經不在了。接到報告後，英國本土艦隊司令托維海軍上將立即下令戰艦起錨出發，英艦紛紛從蘇格蘭、英格蘭、直布羅陀的基地出發迎擊德軍。

為了消滅「俾斯麥號」，英國海軍調動了二艘航空母艦、五艘戰列艦、三艘戰列巡洋艦、八艘巡洋艦及二十四艘驅逐艦，共計四十二艘戰艦，想憑著數量上的優勢消滅它！

「俾斯麥號」進入丹麥海峽後，在漫天風雨中被英國「薩福克號」和「諾福克號」兩艘重巡洋艦的遠端雷達發現。

接到巡洋艦的報告後，離丹麥海峽最近的兩艘英國重型艦隻立即趕往海峽南口截擊。這兩艘英軍戰艦分別是「威爾士親王號」戰列艦和「胡德號」戰列巡洋艦，由霍蘭海軍中將指揮。

五月二十四日凌晨，兩支艦隊迎面相遇。當時大雨滂沱，可見度很低，「胡德號」悄悄地迎了上去，率先開火，「俾斯麥號」迅速還擊，開戰僅五分鐘，「胡德號」便中彈起火了。緊接著，「俾斯麥號」的炮彈穿透了「胡德號」的裝甲並引爆了彈藥庫。劇烈的爆炸瞬間便將「胡德號」炸裂，包括霍蘭中將在內的一四一九名官兵陣亡，僅三人倖存。

擊沉「胡德號」之後，「俾斯麥號」立即同「歐根親王號」一起猛轟「威爾士親王號」，並在六分鐘內命中該艦七彈，「威爾士親王號」遭到重創，被迫逃走。

「胡德號」的沉沒使英軍喪失了一艘寶貴的戰艦，但並未動搖英軍消滅「俾斯麥號」的決心。邱吉爾堅信，一定能擊沉「俾斯麥號」！而在德軍一方，初戰的勝利沖昏了呂特晏斯的頭腦，不顧「俾斯麥號」已受輕傷、燃油外溢、航速航程均受影響，下令繼續南下。

這個錯誤決定註定了它的命運。

二十四日晚，「俾斯麥號」和「歐根親王號」分開，單獨駛往法國的布勒斯特。爲了在它進入德國空軍作戰半徑前擊沉它，英軍必須減緩它的航速。

當晚午夜前後，從「勝利號」航空母艦上起飛的九架飛機空襲「俾斯麥號」，一枚魚雷命中目標，但「俾斯麥號」受損甚微，趁著黑夜和大雨，逃脫了英國巡洋艦的雷達跟蹤。

差不多過了三十個小時，一架遠端偵察機發現了受傷的「俾斯麥號」！這是抓住這條大魚的最後機會了。十五架載有魚雷的劍魚式轟炸機從「皇家萬舟號」航空母艦上起飛，發起攻擊，兩枚魚雷命中，其中一枚擊中了「俾斯麥號」艦尾，打壞了艦舵。「俾斯麥號」遭受致命一擊，為了防止艙室進水，只能低速行駛，返回港口的希望破滅了。

夜幕降臨後，五艘英軍驅逐艦猛撲了過來，試圖發射魚雷。「俾斯麥號」使盡了渾身解數，在雷達指引下拼命射擊，終於擊退了對手。但整整一夜處於緊張的戰鬥中，德國水兵疲憊到了極點，他們已幾晝夜沒有休息了。午夜，絕望的呂特晏斯給柏林發出了訣別電報稱：「我們將戰至最後一彈！」

五月二十七日八時四十七分，兩艘英國戰列艦向俾斯麥號」開火，「俾斯麥號」的末日到了。接著，四艘英國巡洋艦也加入了炮擊，各種口徑的炮彈雨點般飛向「俾斯麥號」。十時十五分，德國的大炮完全沉寂了下來，「俾斯麥號」變成了一堆濃煙烈火中的廢鐵，連同呂特晏斯在內的一〇八七名官兵一同沉入了大西洋，僅一一三人被救。

水灌大梁魏國傾覆

王賁派人兩處決堤放水，兩河之水勢如狂龍巨魔一般衝入城內，大梁城變成了一座死亡之城，城中魏國軍民死傷數十萬，房屋廬舍大都蕩然無存。

兵法上非常講究地形的作用，因爲地形是用兵的輔助條件，不懂得觀察地形，因勢利導，戰爭往往很難取勝。孫子認爲，地有六形，兵有六敗，要求將帥要因地制宜地指揮作戰。

《三國演義》中有非常多的利用地形的例子，特別是諸葛亮，對地利形勢研究得非常透。他利用地形最經典的有兩例，一是峽谷火燒司馬懿，二是把陸遜引入八陣圖，使其迷失其中。身爲將帥要對地形認眞研究，爭取戰術行動時充分考慮到地形對戰爭的影響，就有可能取得戰爭的勝利。

秦王政在攻取魏國大梁城時，主將王賁就充分考慮並利用了地形的作用。

西元前二二五年（秦王政二十二年），秦軍攻克燕都薊城後，秦王嬴政命令小將王賁率領一支軍隊直奔魏都大梁，力求一戰成功，徹底把魏國從地圖上抹掉。

王賁乃大將軍王翦的兒子，少時即好讀兵法韜略，是一位年輕果敢、智勇雙全的小將軍。他指揮軍隊將大梁城團團包圍之後，並不急於發動進攻，先與幕府一群裨將和參謀人員沿城走了一圈，仔細踏勘周圍地形城勢，商討籌劃一戰而勝的進攻策略。

大梁是一個有著一百三十多年歷史的都城，經過數代魏王苦心經營，如同一座異常堅固的軍事堡壘，城高十仞，池深數丈，箭垛林立，易守難攻。韓、趙相繼滅亡後，魏王寢食難安，又派精壯人士日夜加固大梁城牆，挖深護城河，各個城門派重兵把守，以爲這樣大梁城就固若金湯，秦軍奈何它不得。殊不知，魏王假百密一疏，恰恰忘記了大梁城一個致命的弱點。

王賁來攻打大梁時，正值天降大雨，連日不絕。

王賁踏勘視察大梁的周圍地勢，但見黃河之水在堤防之內翻滾咆哮，濁浪滔天，汴河之水也逐日見漲，洶湧不已。站在黃河大堤之上的王賁心中大喜，手中馬鞭一指雨幕之中的大梁城說：「要破大梁城池，只一個『水』字便可！」

回到軍營後，王賁立刻著手部署，兵分三路：一路繼續攻城，一路登上黃河大堤，挖掘堤防，開鑿水渠通到大梁城下；一路進至汴河上游，壅堤攔壩，阻塞下流。工程很快峻工，王賁派人兩處決堤放水。只見黃河之水挾著滾滾怒濤，傾瀉而下直衝北城，汴河之水也騰起數丈巨浪，洶湧撲向南城。

剎那間，大梁城外田園村舍盡成澤國，一片汪洋，水高幾與城齊。滿城軍士百姓頓時慌作一團，魏王假也嚇得魂不附體，又無可奈何，只能一面下令用土囊沙袋填塞城門，加高城牆，一面在宮中燃起高香，乞求祖宗神靈保佑。

大梁城垣不過是磚石泥土築就，怎經得起滔天洪水長時間衝擊浸泡？一個月之後的一天，只聽得轟隆隆一陣巨響，北城牆首先倒塌多處，激起漫天泥塵水霧。幾乎就在同時，南城牆也掙扎搖晃了幾下，轟然崩潰。

兩河之水勢如狂龍巨魔一般衝入城內，摧房傾屋，橫掃一切，滿城慘叫哭號之聲此伏彼起，不知有多少百姓軍士被淹沒斃命。緊接著，秦軍乘著木排門船，手持長戈、大戟殺進城來，逢人便是一陣砍殺，不一會兒即到處翻騰著血水肉漿，浮屍累累。

魏王假和文武百僚及嬪妃宮娥幸虧有宮牆圍護，不致淹斃水中，但也成為甕中之鱉，個個被秦軍生擒活捉，押到城外王賁帳前。王賁下令全部打入囚車，即日解送咸陽，向秦王嬴政獻俘報捷。

此戰秦軍以水為兵，損傷無幾，但卻使百年繁華的大梁城變成了一座死亡之城，城中魏國軍民死傷數十萬，房屋廬舍大都蕩然無存。王賁將倖存下來的百姓全部遷入秦國統治腹地關中豐地（今陝西臨潼縣境內），將魏國舊地併入三川郡和東郡。

在不傷一兵一卒的情況下，秦將王賁以水灌大梁城的方式實現了消滅魏國的戰略目標。帶兵者，以傾兵之力伐勝，下智也；以智謀取勝者，中智也；以天時地利伐勝者，上智也。

【用間篇】

【原文】

孫子曰：凡興師十萬，出征千里，百姓之費，公家之奉，日費千金；內外騷動，怠於道路，不得操事者，七十萬家。相守數年，以爭一日之勝，而愛爵祿百金，不知敵之情者，不仁之至也，非人之將也，非主之佐也，非勝之主也。故明君賢將，所以動而勝人，成功出於眾者，先知也。先知者，不可取於鬼神，不可象於事，不可驗於度，必取於人，知敵之情者也。

故用間有五：有因間，有內間，有反間，有死間，有生間。五間俱起，莫知其道，是謂神紀，人君之寶也。因間者，因其鄉人而用之。內間者，因其官人而用之。反間者，因其敵間而用之。死間者，為誑事於外，令吾間知之，而傳於敵間也。生間者，反報也。

故三軍之事，莫親於間，賞莫厚於間，事莫密於間。非聖智不能用間，非仁義不能使間，非微妙不能得間之實。微哉微哉，無所不用間也！間事未發，而先聞者，間與所告者皆死。

凡軍之所欲擊，城之所欲攻，人之所欲殺，必先知其守將、左右、謁者、門者、舍人之姓名，令吾間必索知之。必索敵人之間來間我者，因而利之，導而舍之，故反間可得而用也。因是而知之，故鄉間、內間可得而使也。因是而知之，故死間為誑事，可使告敵。因是而知之，故生間可使如期。五間之事，主必知之，知之必在於反間，故反間不可不厚也。

昔殷之興也，伊摯在夏；周之興起，呂牙在殷。故惟明君賢將，能以上智為間者，必成大功。此兵之要，三軍之所恃而動也。

【注釋】

奉：同「俸」，指軍費開支。

內外騷動：指舉國上下混亂不安。內外，前方、後方的通稱。

怠於道路：怠，疲備、疲勞。意思是百姓因輾轉運輸而疲於道路。

操事：指操作農事。

七十萬家：比喻兵事對正常農事的影響之大。

相守數年：相守，指相持、對峙。相守數年即相持多年。

而愛爵祿百金：愛，吝惜、吝嗇。指吝嗇爵位、俸祿和金錢而不肯重用間諜。

非人之將：不懂用間諜執行特殊任務的將領，不是領導部隊的好將領。非人，不懂得用人。

非勝之主：不是能打勝仗的好國君。主，君主、國君。

動而勝人：動，行動、舉動，這裡指出兵。句意爲一出兵就能戰勝敵人。

先知：指事先偵知敵情。

不可取於鬼神：指不可以通過用祈禱、祭祀鬼神和占卜等方法去求知敵情。

不可象於事：象，類比、比擬。事，事情。意爲不可用與其他事情類比的方法去求知敵情。

不可驗於度：指不能用證驗日月星辰運行位置的辦法去求知敵情。驗，應驗、驗證。度，度數，指日月星辰運行的度數（位置）。

因間：間諜的一種，即本篇下文所說的「鄉間」。指依賴與敵人的鄉親關係獲取情報，或利用與敵軍官兵的同鄉關係，打入敵營從事間諜活動，獲取情報。

五間俱起，莫知其道：此言五種間諜同時使用起來，使敵人無法摸清我軍的行動規律。道，規律、途徑。

神紀：神妙莫測之道。紀，道。

人君之寶：寶，法寶。句意爲「神紀」是國君制勝的法寶。

因其鄉人而用之：指利用敵國將領之同鄉關係作間諜。因，根據，引申爲利用。

內間者，因其官人而用之：官人，指敵方的官吏。所謂內間，就是指收買敵國的官吏爲間諜。

反間者，因其敵間而用之：所謂反間，就是指收買或利用敵方的間諜，使其爲我所用。

為誑事於外：誑，欺騙、瞞惑。此句意思爲故意向外散佈虛假的情況，用以欺騙、迷惑敵人。

令吾間知之，而傳於敵間也：意思是讓我方間諜瞭解自己故意散佈的假情報並傳給敵方間諜，誘使敵人上當受騙。在這種情況下，事發之後，我方間諜往往難免一死，所以稱之爲「死間」。

生間者，反報也：反，同「返」。意思爲那些到敵方瞭解情況後能夠活著回來報告敵情的間諜。

三軍之事，莫親於間：三軍中最親信的人，無過於委派的間諜。

賞莫厚於間：賞賜沒有比間諜所受更優厚的了。

事莫密於間：軍機事務，沒有比間諜之事更爲機密的。

聖智：才智過人的人。

非仁義不能使用：指如果吝嗇爵祿和金錢，不能以誠相待，則無法用好間諜。

非微妙不能得間之實：微妙，精細奧妙。這裡指用心精細、手段巧妙。實，指實情。意謂不是精心設計、手段巧妙的將領，不能取得間諜的眞實情報。

間事未發：發，舉行、實施之意。指用間之計尚未實施開展。

而先聞者，間與所告者皆死：先聞，事先知道，即暴露。即言間事先行暴露，則間諜和知情者必須殺掉，以滅其口。

軍之所欲擊：即「所欲擊之軍」，下文「城之所欲攻」、「人之所欲殺」，句法與此相同。

守將、左右、謁者、門者、舍人：守將，主將。左右，守將的親信。謁者，指負責傳達通報的官員。門者，負責守門的官吏。舍人，門客，指謀士幕僚。

必索敵人之間來間我者：索，搜索。字句意思是必須查出前來我方進行間諜活動之敵諜。

因而利之：趁機收買、利用敵間。因，由，這裡有趁機、順勢之意。

導而舍之：設法誘導他，並交給一定的任務，然後放他回去，爲己所用。

因是而知之：指從反間，那裡獲悉敵人內情。

鄉間、內間可得而使也：意謂通過利用反間，鄉間和內間才能有效加以使用。

可使如期：可使如期返報。

故反間不可不厚也：厚，厚待，有重視之意。五間之中，以反間爲關鍵，因此必須給予反間以十分優厚的待遇。

殷：西元前十七世紀，商湯滅夏，史稱商朝，後來商王盤庚遷都到殷（今河南安陽小屯村），因此商朝又稱爲「殷」。

伊摯在夏：伊摯，即伊尹。原爲夏桀之臣，後歸附商湯，商湯任用他爲相。夏，夏朝，大禹之子夏啓所建立的中國歷史上第一個封建制王朝，共傳十七世，至夏桀時為商湯所滅。

周：周朝，周武王滅商後所建立的王朝，建都於鎬京（今陝西西安）。

呂牙：即姜尚、姜子牙，俗稱姜太公。曾為殷紂王之臣，周武王伐紂時，任用呂牙為「師」，打敗了紂王。

上智：具有很高智謀的人。

三軍之所恃而動：軍隊要依靠間諜所提供的情報而行動。

【譯文】

孫子說，凡興兵十萬，征戰千里，百姓的耗費，公室的開支，每天都要花費千金，前方後方動亂不安，民夫疲備地在路上奔波，不能從事正常耕作生產的，多達七十萬家。這樣相持數年，就是為了決勝於一旦。如果吝惜爵祿和金錢，不肯重用間諜，以致不能掌握敵情而導致失敗，那就不仁到極點了，這種人不配當軍隊的統帥，稱不上是國家的輔佐，也不是勝利的主宰者。

英明的君主和賢良的將帥，之所以一出兵就能戰勝敵人，功業超越普通人，就在於能夠預先掌握敵情。要事先瞭解敵情，不可用求神問鬼的方式來獲取，不可拿相似的事情做類比推測而得到，不可用日月星晨運行的位置去做驗證。一定要取之於人，從那些熟悉敵情的人口中獲取。

間諜的運用方式有五種，即因間、內間、反間、死間、生間。這五種間諜同時使用起來，使敵人無從捉摸我方用間的規律，這就是使用間諜的神妙莫測的方法，也正是國君克敵制勝的法寶。

所謂因間，是指利用敵人的同鄉做間諜。所謂內間，就是利用敵方的官吏做間諜。所謂反間，即是利用敵方間諜爲我所用。所謂死間，是指故意製造散佈假情報，通過我方間諜將假情報傳給敵間，誘使敵人上當受騙，一旦眞情敗露，我方間諜就難免一死。所謂生間，就是偵察後能活著回來報告敵情的人。

所以，在軍隊中，沒有比間諜更可親信的人；給的獎賞，沒有比間諜更爲優厚的；沒有什麼比間諜之事更爲秘密的了。不是才智超群的人不能使用間諜，不是仁慈慷慨的人不能指使間諜，不是謀慮精細的人不能分辨、證實間諜提供的情報。行軍作戰無時無處不在使用間諜！若是間諜的工作還未開展，秘密卻已洩漏出去，那麼間諜和瞭解內情的人都要處死。

凡是準備要攻打的敵方軍隊，準備要攻佔的敵方城池，準備要刺殺的敵方人員，都必須預先瞭解其主管將領、左右親信、負責傳達的官員、守門官吏和門客幕僚的姓名，指令我方間諜務必要將這些情況偵察清楚。

一定要搜查出敵方派來偵察我方軍情的間諜，從而用重金收買他，引誘開導他，然後再放他回去。這樣，反間就可以為我所用了。通過反間瞭解敵情，鄉間、內間也就可以利用起來了。通過反間瞭解敵情，就可以使死間傳播假情報給敵人。通過反間瞭解敵情，就能使生間按預定時間返回報告敵情。五種間諜的使用，國君都必須瞭解掌握。瞭解情況的關鍵在於使用反間，所以對於反間不可不給予優厚的待遇。

從前殷商的興起，在於重用了在夏朝為臣的伊尹，他熟悉並瞭解夏朝的情況；周朝的興起，是由於周武王重用了瞭解商朝情況的呂牙。所以，明智的國君、賢能的將帥，能夠任用智慧高超的人充當間諜，就一定能建樹大功。這是用兵上的關鍵步驟，整個軍隊都要依靠間諜所提供的敵情，決定軍事行動。

【第1章】

必取於人知敵之情

孫子認為，間諜情報工作事關戰爭勝敗的全局，統治者要不惜金錢爵祿厚賞間諜，使之為我所用。五間中，最重要的是反間。因為反間掌握著敵方大量的情報，如果被我方收買，則我軍受用無窮。

偷襲珍珠港前的諜報工作

美國人在珍珠港一敗塗地與日本人的趾高氣揚成為鮮明的對比，吉川的間諜活動成功，埋下了這場戰爭的禍根。

一九四一年三月二十八日，設在夏威夷瓦胡島檀香山的日本領事館新來了一位姓森村的書記生。

喜多總領事上下端詳著這位相貌瀟灑英俊的年輕人，注意到他的左手食指少了一個關節，這是一個很容易讓人記住的特徵。看到這裡，喜多開始懷疑這個年輕人是否是合適的人選，能夠擔當起如此重大的使命嗎？

在整個領事館，只有總領事知道，這個年輕人並不是什麼森村書記生，而是由海軍軍令部派來搜集美國太平洋艦隊基地情報的間諜——海軍少尉吉川猛夫。總領事微笑著對他低聲說：「吉川少尉，我知道你的使命，軍令部已經照會過了，我一定盡力幫助，你就放手幹吧。」

「謝謝您的關照，並請多多指教。」吉川很滿意喜多總領事的配合，對完成任務更有信心了。

日本海軍軍令部在這個時候派吉川猛夫來到夏威夷，並不是一般的間諜派遣工作，而是和日本下一個重大軍事行動有關。他的任務是收集美軍在珍珠港的情報，以便日軍發動太平洋戰爭，襲擊美國太平洋艦隊。

吉川一到任，立刻就開始搜集情報的活動，每天都要從頭到尾地閱讀檀香山出版的報紙，從字裡行間捕捉有價值的船舶資訊和美國海軍人員的社會新聞。他的主要活動就是出去觀光，有時步行，更多的時候是乘計程車，而且經常換車。這是喜多總領事的主意，他不贊成吉川使用專車，因爲汽車牌照太引人注意，而且難免會引發一些小事和員警打交道。

很快，吉川出外觀光時，身旁多了一個年輕美貌的日本女人，這是吉川不久前結識的一位藝妓，現在已經是他的「女朋友」了。

每當汽車從珍珠港旁邊經過時，吉川就會停止和女友談笑，花上幾分鐘時間觀察港內的情況。每週他都會帶女友到位於珍珠港半島末端的一家日僑開的小飯店用餐。這裡是靠珍珠港最近的地方，憑著自己的經歷和臨行前學習的美國海軍艦船知識，他在幾分鐘內就能看清港內軍艦的情況。

有的時候，他也去那些美國水兵常常光顧的酒吧，從那些喝得醉醺醺的美國兵的談話中捕捉一些有用的軍務資訊。

每到夜晚，他就把一天的觀察所得，用只有自己能看懂的符號，記在一個黑色筆記本中。爲了防止美國人的竊聽，他都在夜深人靜人們睡熟之後才向總領事彙報，採用寫紙條的方式交流絕密的資訊，之後馬上把字條燒掉。

一天，喜多總領事帶他到一個叫「春潮樓」的日僑酒館去喝酒。吉川驚喜地發現，從酒館的二樓上可以俯瞰整個珍珠港和希根機場。他故意裝得酩酊大醉，喜多領事便請老闆留他住下，自己走了。

清晨，吉川醒來拉開窗簾，軍港內一幅壯觀的畫面展現在他面前——幾十艘美軍艦艇正要啓航！他很激動，全神貫注地觀察著艦隊佈陣的方式，記下每一艘艦船的位置，並核對了艦隊出港的時間。

這些都是東京要求搜集的情報，有重要價值。根據這些情報，一旦襲擊開始，美國艦隊企圖出港反擊，日方就可以調整他們的時間表了。

自此以後，吉川常來「春潮樓」喝酒，每次都大「醉」而睡。

隨著大本營偷襲日期確定，十月二十三日，一艘日本客輪開進檀香山港。喜多領事到客輪上與大本營派來的人接頭，給吉川帶回一個精心捻成的密信。吉川展開一看，上面寫滿密密麻麻的鉛筆小字，列出要他回答的九十七個問題。九十七個問題之後，還要求附上一張詳細的珍珠港地圖，標明瓦胡島上每個美軍軍事設施的位置、規模和力量。

吉川不敢怠慢，立即根據自己七個月來絞盡腦汁所得到的情報，日以繼夜地整理這些問題，力求自己的情報準確無誤。

十二月六日，是一個平靜的星期六。珍珠港內軍艦特別多，太平洋艦隊全部戰列艦都進港了，整齊地排列在蔚藍的海面上，在黃昏的陽光下熠熠發光。傍晚時分，吉川又到「春潮樓」去做每天必做的觀察工作。

看著看著，吉川簡直不敢相信自己的眼睛，因爲他發現兩艘航空母艦和十艘重型巡洋艦不見了，上午觀察時明明還清楚地看見它們停泊在港內。他急忙回到領事館，向東京發出急電：「六日珍珠港停泊船艦如下：戰列艦九、輕巡三、潛水母艦三、驅逐艦十七，此外，輕巡四、驅逐艦二已入塢。航空母艦和重型巡洋艦已全部出港，不在港內停泊。艦隊航空隊沒有進行航空偵察的徵兆。」

發完這份電報已是晚上九點多了。這是吉川在夏威夷發出的最後一封電報。此時，日本特遣艦隊距離珍珠港只有三百多英里，隨即發動偷襲行動。

美國人在珍珠港一敗塗地與日本人的趾高氣揚成爲鮮明的對比，吉川的間諜活動的成功，埋下了這場戰爭的禍根。

喬治潛入密室探軍情

聰明的頭腦，良好的心理素質，敏銳的洞察力，這是作為軍事間諜的重要條件，威利斯·喬治屢屢得手，正是因為他具備了這些素質。

威利斯·喬治開始從事被他戲稱爲「公務盜竊」的冒險活動完全出於偶然。一九四一年十二月，珍珠港事件發生後不久，正在紐約海軍第三戰區情報機關工作的他，被上司召到了辦公室。

上司給他看了華盛頓總部發來的指令，上面說，某國的華盛頓大使館人員在前一天焚燒了文件，總部要求紐約海軍情報部門偵察一下，他們在紐約的領事館是不是也有同樣的行動？

上司命令他潛入領事館偵察情況。喬治知道，領事館算是外國領土，一旦潛入後被捉住，政府是不會承認，也不會承擔責任，因此行動計劃必須十分小心謹慎。爲此，他先去瞭解了領事館夜晚值班的詳細情況。

第二天晚上，他化裝成領事館的清潔工潛入，用萬能鑰匙打開領事室的門。在廢物箱裡，他發現了焚燒文件後留下的灰燼，證實了總部的懷疑。之後，他又多次成功地潛入密室進行竊盜活動，獲得了許多關於納粹德國的重要文件，最爲驚心動魄的一次是他帶領小組搜查納粹間諜席格利的辦公室。

席格利是一位經營銀行和保險業務的金融家，在芝加哥一座十二層的大樓中有一個辦事處。美國情報機關懷疑這個金融家掌控著一個納粹間諜網，但因缺乏足夠的證據，對他毫無辦法，最後決定進行一次潛入搜查，尋找證據。

爲防止打草驚蛇，必須進行細緻的籌劃。喬治決定將偵查小組僞裝成工程隊，以測試大樓的傾斜度爲掩護，進入席格利的辦公室所在的大樓。這是一個頗爲正當的理由，因爲所有的大樓都應當定期對應力部位進行測試。另外，利用這個理由，還可以在搜查時要求服務員關閉電梯，防止有人突然上樓。

方案確定之後，第一步是要對大樓做初步的「檢查」，以便熟悉大樓內部的情況。喬治派出了兩個隊員穿上油漆匠的大褂，開始油漆席格利辦公室外邊的過道，眞正任務是辨認席格利的所有雇員。

喬治則和一名鎖匠利用晚間對席格利的辦公室進行調查，爲小分隊潛入做好準備。鎖匠打開了門鎖並製作了一把鑰匙，喬治則很快地把辦公室內的陳設速描下來，接著開始搜查暗藏的機關。

果然，在窗台上一個手提箱裡發現了一架高靈敏度的錄音裝置，如果有人說話，開關就會自動啓開，將聲音記錄下來。在一個書架上和一張小桌的底下，各發現了一個擴音器。另外，還發現了一個「防盜」保險箱，喬治把它的手柄上的號碼記錄了下來。檢查完畢離開的時候，他們又發現了一旦出現意外時逃跑的路線，以及一間用來沖洗照片的盥洗室。

一切準備就緒，一個星期天的早晨，小分隊十一名隊員分乘幾輛車來到這幢大樓前，還有一輛工程車，車身上寫著「西北工程公司」。從車上卸下的一個個箱子都印著公司的名字，裡面裝滿了搜查設備和測試大樓傾斜度的儀器。留下兩名隊員藏在車裡，一個是無線電收發報員，另一個負責辨認進出大樓的人員，一旦發現席格利的雇員立刻報告。

其他隊員進入大樓後，又留下兩個人守住門廳，其餘的人上到十二層樓，進入席格利辦公室立即開始工作。

緊張的搜查工作正有條不紊地進行，忽然，喬治的耳機裡傳來樓下無線電收發報員的報告，有一個席格利的雇員走進了大樓。按照計劃，在門廳裡的兩個人故意找岔子拖住他，而樓上的人立即撤到對面一個已經撬開房門的房間裡。在樓下，那個人向兩個隊員解釋說，他只是想去辦公室拿點東西，幾分鐘就夠了。兩個隊員估計樓上已撤離完畢，就放那個人上樓了。

那個人取走東西後，隊員們又開始了搜查工作。拆封專家打開了一個還未開封的包裹，上面的郵戳顯示是前一天下班前收到的，包裹裡面是一冊密碼本，攝影師拍下了每一頁密碼，之後又把它照原樣封好。

在三個多小時的時間裡，攝影師高效地工作著，一共拍攝了二千幅有關信件、密碼和其他資料的照片。

搜查完畢，他們把辦公室地板上重新打了蠟，覆蓋上面的鞋印。手提箱等物品上面，原來有一層薄薄的塵埃，在搜查時被擦掉了，隊員們使用放塵槍又布上了一層灰塵，一切跟原來沒什麼兩樣。

隊員們撤到樓下的門廳，收拾儀器設備準備離開。就在這時，席格利匆匆趕來了！原來，他的那位雇員離開大樓兩個多小時後，猛然覺得有點不對勁，於是給席格利打了個電話。

當然，席格利不會發現任何破綻。二十分鐘後，當他從樓上下來的時候，一副悠然自得的樣子，和「工程師」們打了個招呼後，吹著口哨揚長而去。

兩天以後，席格利被特工人員帶走了。他的辦公室裡搜出的東西，證明他控制著一個遍佈美國六大城市的納粹間諜網。很快，這些對美國安全構成巨大威脅的間諜一一落網。

聰明的頭腦，良好的心理素質，敏銳的洞察力，這是作爲軍事間諜的重要條件，威利斯．喬治屢屢得手，正是因爲他具備了這些素質。

种世衡巧施「錦袍妙計」

通過間諜打入敵人內部，然後巧妙離間敵人，种世衡這招「錦袍妙」計殺人於無形之中，確實是使計的典範。

北宋慶歷年間，西夏王朝與北宋朝廷兵戎對峙。當時，西夏王趙元昊手下有兩員心腹上將，一個叫野利王，另一個叫天都王，兩人各統一支精兵，作戰非常驍勇。北宋的种世衡很想派間諜打入敵巢，離間趙元昊與兩名猛將之間的關係，只是苦於找不到值得信賴的人來施行計謀。

种世衡尋覓了好久都沒找到合適的人選，後來總算物色到一個法號叫法嵩的和尚。种世衡先是說服他參戰，後來又對他進行了長時間的考察，確認他是一個講信義、有能力的人。

不久，种世衡便讓他潛往西夏，告訴他到了西夏後，首先要設法見到野利王，通過此人才能打入他們內部。臨行前，种世衡又將自己所著錦袍贈給法嵩，異常關切地說：「北邊冬天太冷，這件袍子就送給你上路吧。」

法嵩穿著錦袍，按照种世衡的囑咐，來到西夏防地，千方百計地想接近野利王，結果引起了西夏王趙元昊的懷疑。在對他搜查和審問過程中，從种世衡所贈的那件錦袍領子裡查出一封密信，密信是寫給野利王的，措詞親切而又曖昧，信的落款是种世衡。

法嵩根本不知道袍領裡藏有密信，儘管敵人嚴刑逼供，也說不清楚是怎麼回事。而趙元昊卻由此懷疑野利王將反叛，把他殺死了。

通過間諜打入敵人內部，然後巧妙離間敵人，种世衡這招「錦袍妙」計殺人於無形之中，確實是使計的典範。這中間又有兩個關鍵所在，一是這個間諜是個合適、可靠的人，二是這個間諜並不知道他的真正任務是什麼。

美聯邦特工破解神秘「微點」

間諜為了達成目的，很難離開高科技，德國人的「微點」技術真令人歎為觀止，如果不是美國預先提防的話，德國在這場間諜戰中就可能技高一籌了。

一九四二年一月初，美國聯邦調查局收到了一份令人困惑不解的情報。這份情報是由一個打入納粹間諜機關的反間諜人員發來的。他說：「兩個星期前，我從納粹間諜學校畢業了。在歡送儀式上，校長雨果．西伯爾德博士發表講話說：『元首在北美和南美洲的耳目所遇到的最大問題是如何和我們保持聯繫，美國人給我們造成了很大的困難。但不久之後，我們就要在全世界暢通無阻地互通訊息，而不致遭受險阻。現在我不能跟你們解釋傳遞訊息的方法，但請你們注意發現微點—

——許多許多小黑點。』我被奉命派到美洲，除此之外，他就再也沒有告訴我們什麼了。」

這份情報中提到的傳遞訊息的新方法——微點是怎麼一回事？美國特工人員十分困惑，對此做了種種猜測，並根據這些猜想進行一些實驗，但都無法確認情報中所說的「微點」究竟是什麼。

聯邦特工人員奉命嚴厲檢查所有從國外帶入美國的物品，某天一名特工人員檢查一名從巴爾幹來到美國的年輕人所帶的物品時，意外地發現了這種「微點」。

特工人員從一堆東西中拿起一個信封，由於光線正好傾斜成一個斜角，掠過信封的表面，突然看到了一閃微光——一個小點反射的光線。這馬上引起他的注意。他仔細查看，發現信封的正面有個黑色的微粒——一個句號，或者像一粒蠅屎。

這個特工馬上用針尖輕輕地戳這個黑點，結果，黑點鬆動了。當這個小黑點被放到顯微鏡下放大兩百倍，呈現出來的景象使特工人員驚呆了。這是一封完整的打字信件的影像，是一封德國間諜機關給這個間諜的指示信。

在證據面前，那個來自巴爾幹的年輕人不得不承認自己是德國間諜，並且供出了關於「微點」的一些情況。這項技術是由德國德萊斯頓高等技術學校的查普教授發明的，首先把要保存的文字用打字機打在正方形紙片上，然後用高精密度照相機攝影，接著把照片放在顯微鏡下再攝影。

這種微點之精巧讓人難以置信，完全像一個細微的黑點，而它的資訊含量卻令人吃驚。閱讀這些密件的時候，要用顯微鏡才行，所以攜帶微點密件的納粹間諜往往帶著一架折疊式顯微鏡。

破獲這個間諜，聯邦特工掌握了「微點」的秘密，瞭解德國間諜的活動情況，阻止了許多破壞活動，保護盟軍許多重要機密不被洩漏，也使許多納粹間諜落網，間諜巢穴被搗毀。

德國人挖空心思發明了這種「微點」技術，自以為萬無一失，但是，盟軍透過出色的反間諜網，於敵人的內部掌握了這項秘密。

間諜為了達成目的，很難離開高科技，尤其是現代的間諜更是與高新科技結合得非常完美。德國人的「微點」技術真令人歎為觀止，如果不是美國預先提防的話，德國在這場間諜戰中就可能技高一籌了。

女間諜智竊撥盤號碼

權威人士透露，瑪塔．哈莉的這次行動至少使協約國的軍隊損失十萬人！掉以輕心，迷戀女色，往往給女間諜可乘之機，最終成為間諜的俘虜。

瑪塔．哈莉是第一次世界大戰中最成功的間諜之一，受雇於德國。第一次世界大戰爆發後，哈莉奉命打入法國刺探軍情。起初，法國對入境簽證審查很嚴格，哈莉無法入境，便以媚麗的容貌、性感的表演，接近荷蘭駐法國領事，輕鬆地弄到簽證，進入法國。

哈莉曾是紅極一時的舞蹈明星，進入巴黎後施展渾身解數，令昔日曾拜倒在她石榴裙下的法國軍政要人再次爲她傾倒。當時，已退役的莫爾根將軍因戰爭需要回到陸軍部擔任要職，適逢老伴剛剛去世，見到哈莉後頓時神魂顛倒，迫不及待地邀請她住到他那裡去。

此舉正中哈莉下懷，欣然搬入莫爾根家中，睡到了將軍的身邊。

哈莉很快就搞清楚了莫爾根將軍把機密文件藏到書房的秘密金庫。金庫使用的是撥號盤，號碼撥不對，金庫是無法打開的，而知道號碼的人只有莫爾根將軍一個人。哈莉好幾次想試一試運氣，但都無法打開，只好尋找開鎖的號碼。

當然，哈莉不可能去詢問莫爾根將軍，再愚蠢的間諜也不會這樣做。她認爲莫爾根年紀大了，不可能把號碼記在腦子裡，很可能是記錄在什麼地方。趁將軍熟睡之機，哈莉搜遍了一切可能記錄號碼的地方——抽屜裡、寫字檯上、筆記本中、手帕上……均一無所獲。

一天晚上，哈莉用放有安眠藥的酒灌醉了莫爾根，悄悄地進入書房，來到金庫門邊。她雙手握住撥號盤，按照從一到九的數字逐一通過組合來轉動撥號盤。

時間一分一分地過去，哈莉累得直不起腰來，十個手指又痛又酸，還是一無所獲。眼看天就要亮了，哈莉懊喪地抬起頭，忽然鬼使神差地被牆上的掛鐘吸引。住進將軍的寓所已有一段時間了，在她的印象裡，那個掛鐘好像一直未走動過。她還建議過將軍把鐘修理一下，將軍隨口答應過，但是一直沒有下文。

哈莉的目光凝聚在靜止的鐘面上，九時三十五分十五秒。「九三五一五？不對！」哈莉歎了口氣，「這是五位數，而撥號盤是六位數。」

哈莉失望地垂下頭，忽然，一道靈光閃過她的腦海，「爲什麼要是九點呢？難道就不能是二十一點嗎？對！就是二一三五一五！」

哈莉興奮地轉動撥號盤，金庫的門終於被打開了，裡頭藏有英國建造的十九型最新坦克設計圖和其他絕密文件，哈莉迅速取出了微型照相機拍照。

戰後，權威人士透露，瑪塔·哈莉的這次行動至少使協約國的軍隊損失十萬人！掉以輕心，迷戀女色，往往給女間諜可乘之機，最終成爲間諜的俘虜。

法國大使竊取製鏡機密

法國大使利用收買威尼斯玻璃技工為突破口，成功竊取製鏡機密，這是商戰間諜慣用的方法。從此，製造玻璃鏡子的方法大白於天下，開始在世界流行。

三百多年前，威尼斯是世界上唯一能夠製造玻璃鏡子的城市。在當年的威尼斯，玻璃工匠稱號就跟貴族一樣顯赫。爲了嚴守玻璃鏡子的秘密，威尼斯法律規定：誰要是膽敢把製造鏡子的秘密洩漏給外國人，就要處以死刑。然而，他們最終也沒有能夠保守住這項秘密。

導致威尼斯人洩漏玻璃鏡子秘密的，是法國駐威尼斯大使。有一天，他接到法國大臣柯爾柏寫來的秘信，信中命令他必須迅速爲新創辦的法國皇家鏡子工廠尋找威尼斯工匠。

法國大使經過一番煞費苦心的籌劃，收買了姆拉諾島上一家雜貨鋪的老闆，之後，又通過雜貨鋪老闆收買了四位玻璃工匠。在法國大使精心安排下，這四位玻璃工匠登上了一艘全副武裝的小船逃到法國，等到威尼斯政府獲知消息後，他們已經在巴黎忙著製造鏡子了。

威尼斯駐法大使受命打聽他們的住址，但他們躲藏得十分隱蔽，無法找到。爲此，這位大使丟了官，威尼斯政府任命新大使基斯丁尼亞亞，繼續尋找這幾個玻璃工匠。

基斯丁尼亞亞很快找到了那些逃亡的工匠，並且說服他們回國去。然而法國大臣柯爾柏也沒有睡大覺，給那幾個玻璃工匠每人一大筆金錢，滿足他們所有的慾望，還幫助他們那些受到威脅的家屬也逃出了威尼斯。

基斯丁尼亞亞見威脅利誘無效，便派人對這些人下毒，很快地，一個最好的工匠被毒死了。三個星期後，另一個特別擅長吹鏡玻璃的工匠也被毒死了。與此同時，威尼斯有兩個試圖逃往法國的玻璃工匠也被處死。

恐怖每天都籠罩在那兩個繼續留在巴黎皇家製造廠的工匠頭上，最後，他們乞求基斯丁尼亞亞讓他們回國。柯爾柏此時也不再挽留他們了，因為法國已經掌握了製造玻璃鏡子的全部機密。

不久，在楓丹白露宮、凡爾賽宮、羅浮宮這些著名的宮殿裡，開始出現法國製造的鏡子。從此，製造玻璃鏡子的方法大白於天下，開始在世界流行。

法國大使利用收買威尼斯玻璃技工為突破口，成功竊取製鏡機密，這是商戰間諜慣用的方法。

日本啤酒商的「苦肉計」

經濟和科技領域的保密和竊密十分尖銳複雜。德國啤酒廠沒能在竊密與反竊密的鬥爭中小心提防，使自己的獨家技術流失，教訓十分慘重。

德國是啤酒大國，生產的啤酒味道獨特，堪稱全世界最好的飲料之一。

當時，日本一家公司的老闆對德國啤酒廠非常羨慕，也想生產優良的啤酒。但他不知道釀造啤酒的工藝，德國人又對造酒的方法嚴格保密，因而日夜冥思苦想，思索著怎樣才能得知德國的啤酒釀造奧妙。

一天，某家德國啤酒廠的總經理乘車外出，汽車剛開到酒廠大門，前邊忽然竄過來一個衣衫破舊的日本難民，汽車躲閃不及，把那個人的一條腿軋成重傷。按照當時德國的法律，汽車肇事是有刑責的。幸好那個日本難民通情達理，表示不會把這件事張揚出去。

啤酒廠的經理立即把他送進醫院精心治療，一切費用由酒廠負擔。過了一段時間，日本人的傷好了，卻落下殘疾。總經理問他有什麼要求。日本人歎一口氣，眼淚汪汪地說：「我已經是個殘疾人了，又無家可歸，只求工廠能給我找個力所能及的差事，只要三餐溫飽，我就滿足了。」

於是，總經理安排他在廠當了門衛。

三年後，這個日本人忽然不知去向。又過了三年，德國的這家啤酒廠發現日本突然不進口啤酒了。經調查才知道日本也能生產相似的啤酒了，於是他特地來到日本，拜訪他的同行。當他和日本啤酒廠的老闆握手時，發現對方竟是那個被自己的汽車軋斷了腿的日本難民。

在當今的世界上，經濟和科技領域的保密和竊密十分尖銳複雜。德國啤酒廠沒能在竊密與反竊密的鬥爭中小心提防，使自己的獨家技術流失，教訓十分慘重。

費無忌用計離間楚平王父子

所謂兼聽則明，偏信則暗，為人所利用的人，一般都是偏聽偏信，沒有頭腦的人楚平王偏聽偏信，而且又有不良嗜好，才會為費無忌利用。

春秋後期，費無忌被楚平王任命爲太子建的少傅。

費無忌是陰險狡詐的小人，當時太子建的太傅伍奢很受楚平王和太子信任、敬重，費無忌便想離間伍奢與楚平王父子的關係。費無忌冥思苦想，終於找到了機會。有天，費無忌對楚平王說：「太子年齡不小，應該給他娶個妻子。」

楚平王認爲有理，就爲太子物色了一名秦國宗室之女，並派費無忌前去迎親。費無忌回來，對楚平王說：「秦女是絕色美人，大王應該納爲姬妾，另外爲太子聘娶一個就是了。」

楚平王是個貪色的人，就聽從了費無忌的意見，自己娶了秦女。

過了不久，費無忌又進言道：「城父是北方重鎮，如果派太子鎮守，既可與北交通，又可收南方之利。」

楚平王認爲極對，就派太子到北方去了。一年後，費無忌認爲時機成熟，便向平王誣陷說：「聽說太子因大王娶親的事十分不滿，再加上伍奢唆使，打算領方城外的人反叛，佔據方城，在齊、晉兩國的協助下危害大王呢！」

楚平王信以爲眞，便把伍奢召來質問。伍奢便說：「大王因爲娶妾犯了一次錯誤，難道還要聽信誣陷之詞嗎？」

楚平王大怒，命人把伍奢囚禁起來，並派方城司馬奮揚去殺太子建。太子建聽到風聲，只得逃奔到宋國去。後來，在費無忌的讒言下，楚平王殺害了伍奢和他的兒子伍尙。

所謂兼聽則明，偏信則暗，爲人所利用的人，一般都是偏聽偏信，沒有頭腦的人楚平王偏聽偏信，而且又有不良嗜好，才會爲費無忌利用。

晏嬰巧借二桃殺三士

有勇無謀非真士，對這種人要想離間他，只須用一個「激」字便可，不一定要親自動手。晏嬰二桃殺三士之計，可謂一箭三雕。

齊景公在位時，田開疆、古冶子、公孫捷因爲立有大功，被嘉獎爲五乘之賓，一時顯赫非常。他們結爲兄弟，自號「齊邦三傑」，耀武揚威，盛氣凌人，對齊景公有時也不守君臣之禮。齊景公愛惜他們的才能和勇武，都容忍下來。

時日一久，三傑成爲國家之患，宰相晏嬰對此深爲憂慮，每每想除掉他們，又怕景公不聽，反而與三人結怨。晏嬰想盡了辦法，終於等到了機會。

一天，魯昭公帶著大夫叔孫婼來訪，齊國由晏嬰執相禮，三傑佩著劍目中無人地站在階下。

晏子奏道：「園中金桃已熟，可命人摘來爲兩位國君祝壽。」

景公准奏，晏子便親自監摘，獻上六個紅香異常的大桃。兩位國君吃了桃子後，又賜叔孫婼和晏嬰各一個桃子。

然後，晏子奏道：「還有兩個桃子，主公可傳命諸位大臣述說自己的功勞，確實功高的賜一個以示表彰。」

景公准奏後，公孫捷首先站出來誇耀說：「我當初隨主公打獵，殺死猛虎，救了主公，這功勞如何？」

晏子說：「功勞實在很大！可賜一爵酒，一個桃子。」

古冶子說：「殺虎算不得什麼稀奇。我曾經在黃河斬掉一隻妖鱉，使主公轉危爲安，這功勞如何？」

景公說：「眞是蓋世奇功啊！毫無疑問，應當賜予酒和桃。」

晏子立刻進酒賜桃。田開疆接著說：「我曾奉命討伐徐國，大敗徐軍，斬名將嬴爽，使齊國威名大振，主公成爲盟主。這功勞夠得上吃桃吧？」

晏子奏道：「田開疆的功勞比兩位大十倍，只可惜已經無桃可賜，可賜酒一杯，等待來年再賜桃子。」

景公說：「你的功勞最大，可惜說得太遲了。」

田開疆拔出劍說：「斬鱉殺虎都是小事，我跋涉千里，血戰立功，反而不能吃桃，在兩國君臣面前受辱，我還有何面目站在朝廷之上？」說完揮劍自刎而死。

公孫捷大驚說：「我們立小功吃了桃，田君立大功反而沒得到。得桃不讓，不算廉，眼看人死而不跟從，不算勇。」也拔出劍自殺了。

古冶子大叫道：「我們三人結義，誓同生死，他們兩人已死，我獨獨苟活於世，心中怎麼能夠坦然？」也自刎而死。

景公急忙阻止，但已經遲了。

有勇無謀非真士，對這種人要想離間他，只須用一個「激」字便可，不一定要親自動手。晏嬰二桃殺三士之計，可謂一箭三雕。

宋太祖利用畫像離間南唐君臣

對那些昏庸無能、剛愎自用、生性多疑的人只須以計相激，便能收到離間人心的效果，李煜毒殺林仁肇就是很好的例證。

宋太祖趙匡胤陳橋兵變奪取政權以後，又以杯酒釋兵權穩固了權力，在無後顧之憂的情況下，開始了消滅割據勢力的統一戰爭。滅掉南漢以後，他緊接著把目標轉向南唐。

南唐後主李煜昏庸無能，聰明才智都用於詩詞、歌舞，整天沉溺酒色，不理朝政。聽說宋滅了南漢，李煜非常恐慌，連忙派人上表宋朝廷，表示願意去掉國號，改稱江南國主。

宋太祖雖然有心滅南唐，但此時仍心存忌憚。原來，南唐有一位深得民心，勇猛無敵的武將——江都留守林仁肇，這使宋太祖不敢輕舉妄動，把林仁肇視爲滅南唐的一大障礙。

開寶四年，李煜派其弟李從善前來朝貢，宋太祖忽然心生一計。

宋太祖熱情款待李從善，並把他留下擔任泰寧軍節度使。李從善不敢違命，只得報告李煜。

李煜不知宋太祖葫蘆裡賣什麼藥，便想透過李從善探聽情況。

某天，李從善聽詔令來見宋太祖，侍臣把他領到側室，他一眼就看到牆上掛著一幅林仁肇的畫像，納悶地問侍臣：「這是我朝江都留守林仁肇的畫像，怎麼會掛在這裡？」

侍臣支支吾吾，欲言又止，半天才說道：「你已經是我朝的人，告訴你也沒什麼關係。皇上愛惜林仁肇的才幹，下詔書讓他來京城，他已經答應投降，先送來畫像表達誠意。」

說完，侍臣指著附近一座華美富麗的房邸說：「聽說皇上準備把這座房子賞賜給他。等他到京城，還要封他爲節度使呢！」

李從善聽後，立刻派人回江南報告李煜。李煜也不認眞思考思考，就馬上派人召來林仁肇，問他是不是已經投降宋朝了。林仁肇說沒有，李煜不信，懷疑他心懷二心，在設宴招待他時，讓人在酒裡下了毒藥。林仁肇喝了下去，回到家中，毒性發作，七竅流血而死。

宋太祖聽到林仁肇的死訊，非常高興，後來終於滅掉南唐，統一了江南。

對那些昏庸無能、剛愎自用、生性多疑的人，只須以計相激，便能收到離間人心的效果，李煜毒殺林仁肇就是很好的例證。

【第2章】

用間之道

間諜在戰爭中有著特殊的作用，因此要特殊對待，在感情上要特別親近，在獎勵上要特別照顧，在工作上要特別信任。當然，如果間諜洩漏情報，也必須給予特別嚴厲的制裁。駕馭和使用間諜，是一門高超的藝術，用間者必須具有超人的智慧和胸懷。

嬴政用計除去李牧

巧借小人的勢利與慾望，給予小利以為我方所用，常常能達到事半功倍的效果。秦王政透過間諜除掉李牧，就是一個範例。

李牧是戰國時期趙國的著名將領，因長期駐守趙國北方邊防和拯救趙國於危難之中有功，受封爲武安君。

西元前二二九年，秦王嬴政派大將王翦和楊端分兵兩路進攻趙國，趙王遷命李牧和將軍司馬尚領兵阻擊秦軍。秦將王翦久經沙場，智勇雙全，李牧與王翦交戰一年之久，雙方各有勝負。

秦軍攻戰，遠離本土，時間長了，後勤供應發生了困難，而且士兵厭戰情緒高漲。秦王嬴政爲了儘快結束戰爭，決心用離間計除掉李牧。

趙國謀士王敖是受秦王嬴政命令潛伏在趙國的間諜，接到嬴政的密令後，藉故來到王翦的軍營對他說：「秦王讓我們儘快除掉李牧，打敗趙國，請老將軍給李牧寫封信，商議講和，其餘的事情由我來進行。」

王翦知道王敖是「自己人」，對他的話心領神會。

王敖走後，王翦立即寫好講和的書信，派使者送給李牧。李牧不知是計，於是回了封信，派使者送給王翦。從此以後，雙方的使者頻繁往來，爲和談的條件「討價還價」。

王敖回到趙國都城邯鄲，拿出秦王派人送來的金銀珠寶廣交「朋友」，四處活動。王敖早就探知趙王最寵信大臣郭開，平日裡經常出入郭開府中，這時更加殷勤了。郭開貪得無厭，忌賢妒能，王敖投其所好，送了大批奇珍異寶、黃金白銀。一天，王敖對郭開說：「李牧正與王翦秘密來往，據說秦主答應李牧，破趙之後，封李牧爲代王……」

郭開得知這個重大消息，認爲是向趙王邀寵的好時機，急忙報告。趙王半信半疑，派人去李牧處察訪，果然發現李牧與王翦頻繁來往。

王敖乘機對趙王說：「李牧駐守北疆，十幾萬匈奴人都不是他的對手。四年前肥下一戰，他把佔優勢的秦軍打得大敗而退，如今王翦只有幾萬人馬，他卻按兵不動，這不是心懷叵測是什麼？」

趙王遷認爲王敖的話有道理，派使者到李牧大營中傳令：升趙蔥爲大將，接替李牧的兵權。

趙蔥有郭開做後盾，強行接管了李牧的兵權，並將李牧殺害。王翦得知李牧已死，立即揮兵長驅直入。趙蔥指揮不利，一敗而不可收拾，還賠上了自家性命，秦軍大獲全勝。

巧借小人的勢利與慾望，給予小利以爲我方所用，常常能達到事半功倍的效果。秦王政透過間諜除掉李牧，就是一個範例。

曹操離間馬超和韓遂

曹操採用賈詡的離間之計，平定了關中地區。如何讓同盟的一方起疑心，是離間計的關鍵，故意與一方交好而冷落另一方，便可能會使對方陣營生疑。

東漢末年，曹操與袁紹在官渡相持不下，曹軍糧草告急，袁紹的糧草卻源源不斷。曹操十分焦慮，請教賈詡勝敵之計，賈詡說道：「您的明察、勇敢、用人和臨機決斷遠遠勝過袁紹，現在您與袁紹相持半年而未定勝負，原因就在於您太過於謹慎了，爲求萬無一失，而將戰線拉得過長。如果您能看準機會採取行動，可以很快定大局。」

不久，曹操採納賈詡的建議，派兵襲擊烏巢守軍，放火燒掉那裡屯集的軍糧，使戰爭局勢發生了根本變化。曹操也由於此戰勝利，逐漸統一黃河以北。

赤壁之戰以後，形成三國鼎立的局勢。曹操開始平定關中地區，以穩固自己在北方的勢力。關中諸將恐危及自己的安全，於是馬超與韓遂、楊秋、李堪、成宜等人聯合反叛曹操。

曹操親自率兵征討馬超，奪取了潼關，在渭南安下營寨，不久又向北渡過渭水。馬超幾次向曹營挑戰不成，只好請求割地、送兒子做人質求和。曹操見馬超與韓遂結盟，勢力非同小可，想拆散這個同盟，正苦於無計可施，這一次曹操終於等到了機會。

賈詡爲曹操出謀劃策說：「可以先答應他的請求，再設法離間馬超與韓遂的關係，以便各個擊破。」

曹操接受了他的建議，便寫信給韓遂，說想和他單獨會面敘敘舊情。韓遂不疑有他，於是兩人各自離開本營，在馬上會談了一個多時辰，十分投機，不時撫掌歡笑，顯得很親密。

敘談完畢之後，韓遂回營，馬超問他：「剛才曹操和你說了些什麼？」

韓遂說：「不過是談談往日的交情，與今天的戰事絲毫無關。」

馬超頓生疑心，幾天後，曹操又派人送給韓遂一封書信，字裡行間有不少改動的痕跡。馬超見信，更懷疑韓遂與曹操之間有鬼，於是兩人之間產生隔閡，接著分道揚鑣。

曹操知道時機已經成熟，便下令與馬、韓交戰，關隴諸將大敗，成宜、李堪被斬，馬超、韓遂等人落荒而逃。

曹操採用賈詡離間之計，輕而易舉地平定了關中地區。

如何讓同盟的一方起疑心，是離間計的關鍵，故意與一方交好而冷落另一方，便可能會使對方陣營生疑，離間的目的也就達到了。

犁鉏用美女逼走孔子

魯定公沉湎於酒色之中，孔子搖搖頭，只好棄官離開魯國。抓住對方的弱點，再施以離間之計，往往能給對方致命的打擊。

孔子是中國古代著名的思想家、教育家，一生流離奔波。西元前五〇〇年，孔子在魯國當上了「中都宰」，由於政績顯著，魯定公任命孔他大司寇（司法部長），後來又以大司寇的職務代理魯國宰相一職。孔子任職期間，曾協助魯定公與齊景公會盟於夾谷，力挫齊景公，使齊景公不得不歸還侵佔魯國的土地。此後，孔子把魯國治理得井井有條，魯國漸漸強盛起來。

齊國是魯國的近鄰，對魯國的一舉一動都格外關注。孔子對齊國無疑是一大威脅，於是齊景公向文武大臣請教對策。大臣犁鉏獻計道：「想要阻止魯國也不難，只要疏遠魯定公與孔子的關係，使孔子知難而退，不就大功告成了嗎？」

齊景公問：「怎樣才能疏遠他們的關係？」

犁鉏回答說：「魯定公這個人貪歡好色，大王只要給我幾十名美女，我就能夠完成使命。」

齊王答應後，犁鉏在齊國各地挑選了八十名美女，教她們習舞唱歌，待美女們一個個能歌能舞之後，給她們穿上最華麗的衣服，然後把他們獻給魯定公。

果然，魯定公被美人們的嬌媚容顏、婉轉歌喉、奇絕舞姿迷住了，一連數天連朝也不上了。孔子連連上奏勸諫，魯定公不予答理，孔子還是勸說不止，魯定公恨孔子掃了他的興致，傳令衛士不許孔子再來晉見。

孔子碰了一鼻子灰，還希望魯定公能回心轉意，不料，魯定公沉湎於酒色之中，連祭祀這樣的大事都忘了。孔子搖頭長歎，只好棄官離開魯國，帶領弟子們再一次周遊列國去了。齊國君臣得知孔子離開魯國，個個拍手稱快。

抓住對方的弱點，再施以離間之計，往往能給對方致命的打擊。

范雎重金離間趙將

兩軍對戰，離間了敵軍的主帥，就勝利了一半。身為領導者，不能輕易地聽信謠言，一定要有事實根據，偏聽偏信，就會落入圈套。

三軍易得，一將難求，由此可見將帥在駕馭戰爭中的重大作用。因此，歷來對將帥打主意的不乏其例。戰國時期長平之戰中秦勝趙敗，原因之一就出在誤信流言，陣前換將。

西元前二六〇年，秦國和趙國軍隊在長平對峙。秦昭王一直想吃掉六國，獨霸天下，當時趙國是必須打倒的強敵，但戰事一直沒有進展，於是便找臣下商量對策。丞相范雎說：「趙將廉頗是我們的心腹之患。這個老頭築壘堅守，任憑我們怎麼挑戰，就是不理睬。要是把他從將位上撤下來，換個無能之輩，就好對付了。」

另一位大臣說：「聽說老將趙奢的兒子趙括本領不大卻自視甚高，雄心勃勃。要是讓他取代廉頗，那就好辦了。」

怎麼才能搞掉廉頗，讓趙括當上趙軍統帥呢？

范睢說：「那就使用離間計，設法搞掉廉頗。」

秦昭王聽了大喜，派人帶著重金到趙國去實施離間計，散佈謠言說廉頗年紀老邁，膽小無能，不敢應戰，意圖投降；又說趙括年輕有爲，青出於藍，只有他可委以重任。野心大但見識淺的趙孝成王果然中計，派趙括取代了廉頗。

缺乏實踐經驗，只會紙上談兵的趙括一上任，就輕率地改變廉頗堅守待機的戰略，揮師出擊，一下子落入秦軍的圈套，不但自己性命丟了，還使趙軍全軍大敗，四十萬兵卒遭到坑殺。

兩軍對戰，離間了敵軍的主帥，就勝利了一半。身爲領導者，不能輕易地聽信謠言，一定要有事實根據，偏聽偏信，就會落入圈套。

英國巧用心理戰離間德義同盟

「親而離之」是離間術的具體運用。這種謀略，主要是採取一切手段離間敵方陣營，使己方贏得對抗中的優勢，方法是分化瓦解，積極爭取。

一九四三年，第二次世界大戰到了關鍵年頭，德國爲了阻止英美聯軍從義大利登陸，制定了一項地中海作戰計劃。

爲了爭得盟友義大利對該計劃的支持，德國與義大利之間進行了秘密談判，希望義大利海軍能與德國部隊協同作戰。然而義大利海軍弱點很多，在戰爭初期就連連受挫，士氣低落，毫無鬥志，並對德軍的合作要求抱有牴觸態度。

英國海軍上將肯尼漢瞭解這一情報後，決定用心理戰來阻撓德、義的合作。爲此，英美海軍的有關部門特地開會，研究制定了一個周密的計劃。

依照這個計劃，英美盟國通過對外廣播，向義大利發動了長達一年又五個月的宣傳攻勢。宣傳的主要內容是：德國人把義大利人當成炮灰，義大利商船將被徵用來撤退德國在北非的隆美爾軍隊，同時把義大利軍隊拋在北非沙漠，任由盟軍宰割……等等。

這場出色的政治宣傳產生了極大的離間效果。本來就與德國同床異夢的義大利於是對德國的合作要求抱懷疑和拖延的態度，也不願全力阻攔英美海軍佔領直布羅陀的軍事行動。

結果，英美聯軍順利地控制了地中海，並進行了西西里島登陸作戰。

「親而離之」是離間術的具體運用。這種謀略，主要是採取一切手段離間敵方陣營，使己方贏得對抗中的優勢，方法是分化瓦解、積極爭取。善於抓住敵人陣營中各派力量在利益上的矛盾，展開心理戰，破壞敵方聯盟，正是「親而離之」謀略的運用。

神奇的炸彈暗殺羅格爾

實驗室裡發生爆炸，室內一片混亂，遍地都是碎玻璃，羅格爾血肉模糊地倒在地上死去。從敵人內部尋找突破口，藉此分化敵人力量，這是使間中的上策。

第二次世界大戰期間，納粹分子羅格爾博士以猶太人做實驗，研製最新式的生化武器。在他的實驗室和各地的集中營中，無數無辜的人慘遭殺害。

波蘭的抵抗組織查明了羅格爾實驗室的所在地後，決心除掉他爲死難者報仇。但是，羅格爾的實驗室外面有重兵防護，即使是德國人，沒有特別通行證，也無法接近實驗室。

抵抗組織幾經周折，終於得到了一個令人鼓舞的情報：羅格爾的助手烏勒是一個有正義感的青年，知道自己幫助羅格爾研製出的「藥品」用來殺人後，十分內疚。抵抗組織找到烏勒，對他做了大量思想工作，終於使他同意協助除掉羅格爾，爲世界和平做貢獻。

羅格爾的實驗室有嚴密的保安措施，進出實驗室，連身上穿的衣服都必須更換，想要帶入任何武器是不可能的。一連好幾個星期過去，烏勒都一籌莫展。

天氣漸漸地冷了，一天，烏勒回到家中，妻子向他抱怨說：「外面太冷了，水管都凍裂了。」

烏勒茅塞頓開，「實驗室裡有的是『炸彈』！爲什麼自己沒有想到呢？」

隔天，烏勒提前來到實驗室，爲羅格爾準備實驗儀器。烏勒做好了該做的準備工作後，取來一個大玻璃瓶，在瓶中裝滿了水，並且密封好，然後將裝滿水的玻璃瓶放入一個做實驗用的玻璃大口瓶中，又在密封玻璃瓶的四周放滿了乾冰和酒精。最後，烏勒把大口瓶的蓋子蓋上，壓上一塊鐵板，用鐵絲把鐵板繫緊在瓶蓋上，把大口瓶挪到羅格爾工作台邊的一個架子上。

烏勒做完了這一切，羅格爾來了。羅格爾是個工作狂，換好衣服就趴在工作台上忙碌了。時間在一分一秒地過去，烏勒的心情越來越緊張。突然，「砰」的一聲悶響，實驗室裡發生了爆炸。

烏勒跟在保安人員和工作人員身後跑入實驗室，室內一片混亂，遍地都是碎玻璃，羅格爾已血肉模糊地倒在地上死去了。

實驗室的所有工作人員都被視爲可疑分子，遭到蓋世太保逮捕和審查，烏勒更是重點審查對象。蓋世太保還請來專家對爆炸現場進行檢查，但實驗室內沒有任何炸藥爆炸留下的痕跡，最後只好把這一事件當做實驗事故來處理，將烏勒釋放。

烏勒製造的「炸彈」就是那些乾冰、酒精、玻璃瓶、水，以及壓在大口瓶上的鐵板。乾冰與酒精摻在一起，溫度會急劇下降到零下八十℃，瓶內的水就會迅速結冰，水結冰後體積膨脹，進而產生巨大的張力，導致「爆炸」。

從敵人內部尋找突破口，並藉此分化敵人力量，這是使間中的上策。

平托中校識破納粹間諜

布朗格爾顫抖了一下，發現平托的眼神中滿是嘲諷。用間難，要揪出敵方間諜更不容易，平托中校不動聲色步步為營，終於使納粹間諜露出馬腳。

奧萊斯特．平托中校是第二次世界大戰中美軍情報部官員，也是一個傳奇式的英雄人物。

某次，平托抓住一個可疑分子，憑直覺，斷定這個自稱名叫布朗格爾的人是納粹間諜，但布朗格爾聲稱自己是深受德軍之害的比利時北部農民。

平托皺起眉頭，問道：「會數數嗎？」

「數數？」布朗格爾瞪大了眼睛，「當然會。」說完，他便「一、二、三、四……」數了起來。

布朗格爾數到「七十二」時，平托讓他停止。布朗格爾用的是比利時北部農民慣用的古法文數詞，而不是用德語。

這第一次考試，布朗格爾過關了。平托接著出了第二道「試題」，把布朗格爾關在一間房屋中，屋門上鎖。到了晚上，平托讓幾個士兵在室外點燃幾捆草，然後用德語大聲喊叫：「著火了！著火了！」

但布朗格爾醒來，翻了個身，又睡下了。平托改用法語呼喊：「著火了！」只見布朗格爾立即跳起來開門，門打不開，他就又喊又撞，顯得緊張慌亂。布朗格爾又「及格」了。

第二天，平托與一個軍官走到布朗格爾身邊，先用法語跟布朗格爾打招呼，然後扭頭用德語對身旁的軍官說：「真可憐！他還不知道今天上午就要被絞死。他是納粹間諜，我們只能這樣。」

平托不動聲色地看了布朗格爾一眼，但他無動於衷，似乎真的不懂德語。布朗格爾再闖一關。

平托懷疑自己弄錯了，但是，布朗格爾有些奇怪的舉止總讓他不放心。於是，平托請來一位眞正的農民與布朗格爾交談。事後，農民告訴平托：「沒錯！他是個農民，很在行。」

平托覺得該是釋放布朗格爾的時候了，讓人把布朗格爾帶進他的辦公室。布朗格爾走進來時，平托正全神貫注地看一份文件。布朗格爾平靜地注視著平托的手在文件上簽了字，這時，平托突然抬起頭來，對布朗格爾說：「好了！你自由了，你現在可以走了！」

布朗格爾的眼睛中閃現出一道喜悅的光芒，長長地吐了口氣，習慣地聳了聳肩膀。猛地，布朗格爾顫抖了一下，發現平托的眼神中滿是嘲諷。

平托中校說的是德語！

幾天後，納粹間諜布朗格爾被處決了。

用間難，要揪出敵方的間諜更不容易，平托中校採取不動聲色、以動制靜的方法步步爲營，終於使納粹間諜露出馬腳。

人事間諜挖牆角行動

想挖牆角，就要千方百計找空子，尋找有價值的訊息藉機行事，在用「間」條件不成熟的情況下，耐心等待契機是最好的方法。

木村是日本東京一家化學公司的高級工程師，工作勤奮，鑽研刻苦，富有創造性，設計出的幾種化學合成劑都成爲公司的「拳頭產品」，成功地打入美國與西歐市場，公司由此獲得可觀的收益。

這家公司的競爭對手，橫濱市的一家新開的化學製品公司，卻苦於產品設計人員能力不足，儘管它擁有當時世界一流的設備和一批精明強幹的推銷人員。

爲了覓得得力精幹的設計師，公司總裁佐佐木思之再三，決定聘請「人事間諜」

出馬挖牆角。

佐佐木來到東京一家「人才資訊公司」請求援助，挖牆角專家田中會見了他。佐佐木坦率說明來意後，田中面露難色。但佐佐木開出高額活動費，並允諾事成後支付巨額金錢，田中答應試試。

田中很快通過木村的同事，瞭解到木村曾經幾次與公司主管設計的上司鈴木發生意見衝突，使鈴木很沒面子。田中還得知，目前公司中比較賞識木村的總裁年事已高，即將退休。

至此，一個說服木村「跳槽」的方案已經形成，不過，老於世故的田中知道，要成功引誘木村跳槽，沒有足以動搖他的訊息是不行的。於是，田中使出絕招，想方設法買通這家公司的一名打掃董事會會議室的清潔工，要他把一微型竊聽器安放在室內的一個保溫瓶底部。

然後，田中耐心地一次次竊聽開會的內容。好幾個星期過去了，電池用完了，竊聽器換了幾次，可是偷聽到的內容都毫無價值。

田中並不氣餒，終於聽到了董事會討論「老總裁」退休後的下屆總裁的人選。

董事們一致推選鈴木，因爲他年富力強，勇於開拓。

至此，說服木村跳槽已是一蹴可幾了。

想挖牆角，就要千方百計找空子，尋找有價值的訊息藉機行事，在用「間」條件不成熟的情況下，耐心等待契機是最好的方法。

應運諜戰而生的「米老鼠」

老鼠米奇的出現使環球公司的奧斯華新片黯然失色，那些與米菲簽下密約的人，一旦離開了迪士尼，再也沒有創意和創造力，米菲徹底地輸了。

沃爾特·迪士尼自幼就喜歡繪畫，製作了幾部卡通片取得了經驗後，推出《愛麗絲夢遊仙境》系列片，連續上映將近兩年，大受歡迎。

迪士尼十分清楚，愛麗絲已經「拋頭露面」很長時間了，觀衆會厭倦，必須用一個新的卡通角色來取代她。這時候，環球電影公司想要製作一部以兔子爲明星的影片，找上了迪士尼。

迪士尼和他的朋友烏比日以繼夜地工作，最後成功地推出了《幸運兔子奧斯華》，引起了轟動。

爲了和環球公司洽談新的製片業務，迪士尼和夫人莉達·邦茲一起到了紐約。迪士尼原本以爲憑藉「兔子奧斯華」的賣座成績，環球公司老闆米菲必然會另眼相看，不料，洽談合約時，米菲卻把片酬壓低到令人不能忍受。

迪士尼氣憤地站了起來，米菲卻冷笑道：「如果你不接受，我就把你的人全部接收過來，我已跟他們簽了合約。」

迪士尼如雷轟頂，一下子呆住了。

回到旅館，迪士尼給他的哥哥打了電話，要他查證米菲的話。不久，他哥哥回話：「米菲說的是眞的，除了烏比之外，幾乎所有的人都跟米菲簽了密約。」

「眞卑鄙！」迪士尼做夢也想不到環球公司用如此下流的手法挖走他的人。

迪士尼尚未從憤怒和震驚中清醒，米菲又搶先一步向世人宣佈：「奧斯華片集的所有權屬於環球公司，不屬於迪士尼。」

這意味著米菲想利用迪士尼的那一班人繼續創作奧斯華新片，而迪士尼半毛錢也拿不到！

迪士尼憤怒至極，發下誓言：一定要雪恥復仇！戰勝米菲！

如何戰勝米菲呢？

米菲奪走了深受觀衆喜愛的「奧斯華」，唯一的辦法就是用一個更新更好的卡通角色來取代奧斯華！

迪士尼的妻子莉達．邦茲爲丈夫想出了「米老鼠」這個角色。

迪士尼和烏比商討後，決心以老鼠米奇爲主角，以更奇特、誇張的造型製作一部《瘋狂的飛機》。

由於與米菲簽有密約的人還未離開製作場，迪士尼和烏比白天躲在一個車庫裡繪畫，夜晚才到製作間拍攝膠片，在極其保密的情況下完成了《瘋狂的飛機》和《汽船威利》的製作。這時，適逢有聲電影剛剛出現，迪士尼深信將來是有聲電影的天下，毅然賣掉了心愛的汽車，跑遍了好萊塢和紐約，尋找能爲他的米老鼠及其他角色配音的人。

《瘋狂的飛機》、《汽船威利》上映後，老鼠米奇那誇張的造型、滑稽的動作和幽默的聲音令無數的兒童和成年人津津樂道，電影公司的老闆們爭先恐後地找迪士尼購買米老鼠的續集。

老鼠米奇的出現使環球公司的奧斯華新片黯然失色，那些與米菲簽下密約的人，一旦離開了迪士尼，再也沒有創意和創造力，米菲徹底地輸了。

米菲雖然不擇手段達到了挖走人才的目的，但在設計上缺乏競爭力，最終還是功虧一簣。

「類人猿」行動小組的暗殺行動

海德里希死於X毒劑彈中的肉毒桿菌毒素，摸清敵人行動規律，伺機下手，這是用間的必不可少的準備工作，唯有如此才有取勝的希望。

萊因哈德．海德里希是德國黨衛隊保安處處長，希特勒最信任、最得力的鷹犬之一，也是毒殺猶太人的劊子手。他的天性和職業就是刺探和謀殺，所領導的間諜組織對盟軍造成了重大損失。

爲此，英國「類人猿」行動小組展開了暗殺行動。小組成員深知此行十分危險，在特種訓練學校接受了訓練，攜帶了準備與海德里希同歸於盡的最新研製的生化武器——X毒劑彈。

爲了摸清海德里希的活動規律，「類人猿」行動小組在海德里希可能出沒的地區潛伏了足足五個月。一九四二年五月二十七日，行動小組掌握了海德里希的動向後，在布拉格郊區的特羅雅橋附近一個U形急轉彎處埋伏。

十時三十一分，海德里希坐著綠色敞篷汽車行駛到U形急轉彎處。他太狂妄了，竟然連一個保鏢都沒有帶！也許，他認爲這裡是他統治的獨立王國，沒人膽敢對他不利。

「類人猿」行動小組成員加克西克舉起衝鋒槍躍上公路，對準海德里希扣動扳機，不料槍卻沒有響。這把經過反覆檢查、從未出過故障的衝鋒槍，竟然在這緊要關頭卻「卡彈」了。加克西克呆住了，海德里希的那一雙冷酷的眼睛和令人生畏的鷹鉤鼻子近在咫尺！

海德里希當然知道一把衝鋒槍對準著自己意味著什麼，向司機喊了一聲：「快踩加速器！」

誰知，司機慌忙中出錯，一腳踩在煞車上，敞篷轎車嘎地停下。

嘎的響聲驚醒了同樣呆住的「類人猿」行動小組的另一成員庫比斯，他向海德里希擲出了一顆X毒劑彈，然後拉著加布西克轉身就跑。

X毒劑彈在海德里希車旁爆炸，炸開了車門，一塊彈片鑽進海德里希的腰部。海德里希拔出手槍跳到公路上向逃跑的襲擊者們射擊，但僅僅幾秒鐘後，他就倒在了地上。

海德里希被一輛過路的貨車送入附近的醫院，德國當局派來最好的醫生爲他取出了體內的彈片。但是，一天後，他莫名其妙地陷入「進行性痲痺」，所有的醫生都束手無策。七天後，海德里希一命嗚乎。

德國官方的結論是：海德里希死於「敗血症」。

準確地說，海德里希死於X毒劑彈中的肉毒桿菌毒素，這種毒素是已知的對人類最毒的物質之一。

摸清敵人行動規律，伺機下手，這是用間的必不可少的準備工作，唯有如此才有取勝的希望。

【第3章】

以上智為間必成大功

在攻城擊敵前，必須詳盡地察知敵方的情況，這些正是諜報人員要細密進行的事情。孫子認為，策反敵間為我所用，更能使其他各類情報人員順利完成各自的任務。明君賢將如果能任用智慧超群的人做間諜，就一定能成就大的功業。

岳飛用反間計廢除劉豫

兩軍交戰固然是軍事之本，但善於用間巧妙迂迴，則可避免不必要的正面衝突和流血犧牲，順利完成自己的目的。

南宋建安二年（一一二八年），金軍南侵，兵圍濟南，知府劉豫殺害抗金將領關勝降金，兩年後被金主封為「大齊」國傀儡皇帝。

劉豫網羅一大批賣國之徒，於淮河沿岸及洛陽地區與宋軍對抗，成為南宋北伐收復失地一大障礙。

抗金名將岳飛駐師江州（今江西九江），得知金太祖第四子金兀朮非常討厭劉豫，認為可以利用兩人的矛盾剷除劉豫。

一天，岳飛軍抓到金兀朮手下的一個諜報人員，岳飛佯裝認識他，大聲責備他說：「你不是我軍中的張斌嗎？我從前派你去齊國送信，劉豫答應今年冬天以聯合出兵長江為藉口，將四太子誘來清河（今河北清河縣西），你為何一去不返？」

那間諜聽到這裡以為是岳飛認錯了人，為了保全性命，順水推舟冒認了張斌，哀求岳飛饒命。

岳飛見間諜上鉤，趕緊寫了一封信給劉豫，上面寫著密謀誅殺金兀朮的計劃，接著岳飛對間諜說：「我現在饒你一次，給你立功機會，再到齊國去。」接著把間諜大腿割開放入蠟裝密信，警告他不可洩漏。

間諜回去後，把信交給金兀朮，兀朮大為吃驚，立即送交給金太祖。正好此時，有人報告劉豫與南宋宰相暗地有來往，可能相約圖金，金兀朮即將劉豫逮捕起來，囚於金明池，偽齊政權從此告終。

兩軍交戰固然是軍事之本，但善於用間巧妙迂迴，則可避免不必要的正面衝突和流血犧牲，順利完成自己的目的。

陳平奇計離間項羽君臣

范增離去，項羽對鍾離昧等人又不信任，陳平又施喬裝誘敵之計，一年後，劉邦擊敗項羽，建立漢王朝。對於生性多疑的人施以離間之計，出手必成。

西元前二〇四年，劉邦被項羽包圍在滎陽城中已達一年之久，項羽斷絕了漢軍的外援和糧草通道，劉邦內外交困，無計可施，便去請教陳平。

陳平獻計道：「項羽爲人猜忌信讒，他所依靠信賴的不過是亞父范增、鍾離昧、龍且等人。而且，每到賞賜功臣時，他又吝嗇爵位和封邑，因此士人不願意爲他賣命。大王如能捨得幾萬金，可用反間計離間其君臣關係，使之上下疑心，引起內訌，到那時我軍乘機反攻，必定能擊敗楚軍。」

劉邦慨然交給陳平四萬金，陳平用重金收買了若干楚軍將士，讓他們在軍隊中散佈流言：「鍾離昧、龍且、周殷等將領功績卓著，但卻不能封王，心生怨懟，他們將要與漢王聯合……」

不久，謠言傳到項羽耳中，項羽果然起了疑心，不再與鍾離昧等人商議軍機大事，甚至也懷疑起亞父范增。適逢劉邦派使者與項羽講和，項羽便派使者回訪，企圖探查謠言眞僞。

陳平聽說項羽的使者到了，正中下懷，立刻指使侍從擺起上等的餐具和十分豐盛的食品；待一見楚使之後，又佯裝驚訝，低聲議論道：「原以爲是亞父范增的使者，不料是項王使者！」又故意把原物收起來，換上劣等食物及餐具。

楚使受此大辱，回去後一五一十地報告項羽，項羽的疑心越發加大。

范增不知道項羽對他不再信任，幾次勸項羽速取滎陽，否則會夜長夢多，又生他變。項羽故意冷落他，不理睬他。

范增對項羽忠心耿耿，見項羽竟然疑心自己，氣憤地說：「天下事成敗已定，請君王好自爲之，臣乞還這把老骨頭，退歸鄉里！」

不料，項羽順水推舟，居然不加慰留。范增又氣又恨，歸鄉途中背生癰疽，未回到故鄉彭城便病重死去。

這是陳平「六出奇計」中的第一計。

范增是項羽最重要的謀士，范增離去後，項羽對鍾離昧等人又不信任，於是陳平又施喬裝誘敵之計，讓將軍紀信冒充劉邦開東城門出降，吸引楚軍到東門周邊看，而劉邦和陳平等人則在衆將掩護下，乘西門楚兵空虛之際匆匆逃離滎陽。

一年後，劉邦擊敗項羽，建立了漢王朝。

對於生性多疑的人施以離間之計，出手必成，爲將爲王者切忌多疑，否則便容易像項羽，落得失敗的下場。

石勒用間勝王浚

石勒成功地連續用間，使得王浚完全陷入錯誤的認知與判斷之中。石勒則因用間而全面掌握敵軍的情況，把握了戰機，為最後的出奇制勝奠定了基礎。

東漢以來，中國大西北一帶的少數民族逐漸向長城以內遷徙，開始在遼西、幽州、并州以及關隴等地生活。到了西晉時期，這些少數民族已與漢族人民犬牙交錯地生活在一起，許多少數民族的貴族深受漢族文化的影響，不同程地度走上了封建化道路。

八王之亂爆發後，羯族的石勒乘機割據一方。隨著實力不斷增加，石勒稱王的野心漸起。但是他表面上仍然遵從漢主，同時在他的統治範圍中實行優待漢族地主及漢族知識份子的政策，把一批富有統治經驗的漢族地主階級、知識份子吸收到自己麾下。他的軍師張賓就是其中之一，在石勒建立後趙政權中發揮極重要的功用。

石勒併吞王彌後，將攻擊目標轉向西晉幽州刺史王浚。王浚與石勒交戰失敗，曾求助於鮮卑、烏桓，但鮮卑、烏桓沒有回應。這時，軍師張賓分析了王浚兵勢境況，建議石勒智取，不要硬拼。

張賓要石勒寫一封詞語謙恭的信，表達和好的誠意，並願意歸順他，扶助他當皇帝；等到王浚對石勒疏於防備時，再乘其麻痺一舉消滅他的勢力。

石勒同意了他的建議，馬上開始依計行事。

石勒派門客王子春、董肇等人帶書信和許多珍寶去見王浚。石勒在信中推崇王浚爲天子，而自己只是一無名小胡，「我所以投身於興義兵除暴亂的事業，正是要爲您掃除障礙。所以誠心希望您順應天意、民心，登基稱帝。我石勒崇敬擁戴您就像對待自己的父母一樣，您也應明察我的誠意苦心，像兒子一樣看待我。」

給王浚上書獻寶的同時，石勒還要王子春以重金籠絡王浚的心腹棗高。王浚見石勒歸順十分高興，封王子春等人爲列侯，並派使者答謝他。王浚的司馬游統陰謀叛變，派使者向石勒請降，石勒殺了使者，並將屍首送給王浚，以此表示自己誠實無欺。王浚更加信任石勒，不再存有疑心。

不久，王子春等人與王浚的使者一同回來，石勒下令隱藏起強壯的精兵和武器，顯示出庫房空虛、軍隊疲弱的樣子，面向北拜見王浚的使者，接受王浚的書信。王浚送給石勒拂塵，石勒裝做不敢拿，把它掛在牆上，每天早晚都要敬拜。石勒還派董肇向王浚上書，約定日期親自到幽州去奉上皇帝的尊號。

王浚的使者回到幽州，陳述了石勒將寡兵弱和對王浚誠心不二的情況。王浚大喜，認爲石勒確實可以信任。

石勒見王浚上當，便開始準備襲擊。他先叫來王子春，打聽幽州的情況。王子春說：「幽州自從去年遭了大水災後，人民吃不到一粒糧食，而王浚卻把百萬糧食屯聚在倉庫裡，不用來救濟百姓。他的刑罰、政令又極爲苛刻殘酷，對百姓徵稅課賦十分頻繁，殘害賢臣良將，誅殺排斥進諫的謀士，下屬因不能忍受，逃亡叛變的很多。鮮卑、烏桓在外與他離心離德，棗高、田矯在內貪婪橫暴，人心憂懼而動搖，軍隊虛弱而疲敝。王浚卻還是高築台閣，排列百官，大言不慚地說漢高祖、魏武帝都不足與他並論。」

石勒聽王子春談了幽州饑荒貧困、王浚衆叛親離情況，決定發兵襲擊幽州。但他又怕并州刺史劉琨從背後襲擊他。於是，他與張賓商量如何應付劉琨。張賓建議利用劉琨與王浚的矛盾，寫信與劉琨講和，表示自己將以討伐王浚來將功補過。

石勒按張賓所說，辦妥了這件事，穩住了劉琨，解除後患。

西元三一四年，石勒發兵襲擊，率領騎兵日夜兼程向幽州進發。石勒軍到達易水時，王浚的督護孫緯立即派人向王浚傳送消息，請示準備抵抗。

王浚對他們說：「石勒到這兒來，正是要擁戴我當皇帝的，誰再說抗擊的話，立刻殺頭！」

於是，王浚設筵等待石勒到來。石勒率衆在早晨趕到薊縣，喝叱守城的人開門，但又懷疑城內有埋伏，就先驅趕幾千頭牛羊進入，聲稱是獻給王浚的禮品，實際上是爲了堵塞街巷，使王浚的軍隊不能出戰。王浚這時才意識到大勢不妙，開始坐臥不寧了。

石勒派手下抓住了王浚，將他殺死，順利地佔據了幽州，吞併了王浚的軍隊，爲不久以後自立爲趙奠定了基礎。

石勒吞併王浚的過程，實際上是連續用間的過程。石勒的門客王子春作爲生間，被石勒派往王浚營中，一方面上書結好王浚，一方面偵察王浚在幽州的政治、軍事情況。石勒還以重金籠絡、收買了王浚的心腹棗高作爲內間，使王浚對石勒的歸順更加深信不疑。此外，石勒在王浚使者來訪時，還施展欺敵戰術，製造了一些假象讓使者回去報告王浚。

由於石勒成功地連續用間，使得王浚完全陷入錯誤的認知與判斷之中。石勒則因用間而全面掌握敵軍的情況，把握了戰機，爲他最後的出奇制勝奠定了基礎。

從石勒戰勝王浚的史實中，孫子所說用間的重要性、要領以及方法，石勒都能熟練掌握並靈活運用，順利取得了幽州之戰的勝利。

楊廣用計奪取皇位

隋文帝終於下定決心廢除了楊勇的太子封號，三年之後，楊廣乘隋文帝病重之際，命令楊素和親信張衡害死了隋文帝，奪取了皇位。

楊廣是隋文帝的次子，封爲晉王後遠離京城，駐在其封地揚州。楊廣對其哥哥楊勇被封爲太子十分妒忌，時刻想取而代之。

爲了探聽京城的消息，他以重金收買隋文帝的寵妃陳貴人，探知了隋文帝對楊勇不滿的情報。原來，楊勇生活奢侈、貪愛美色，還有殺害其正妻元妃的嫌疑，隋文帝擔心楊勇不能繼承自己的事業。

楊廣立即把自己裝扮成一個「正人君子」，只與正妻蕭妃住在一起，隋文帝和獨孤皇后每次派人去揚州看望他，他都厚禮迎送，每次入朝都穿得儉樸無華，因此博得了隋文帝和獨孤皇后的歡心。

楊廣向奪取太子之位邁出了第一步，便急不可耐地把手伸進了京城。他把自己的密友宇文述派去拉攏朝廷重臣楊素的弟弟楊約。宇文述藉宴請楊約賭博取樂之機，把價值連城的奇珍異寶一件件地全「輸」給楊約。

楊約感到奇怪，追問珍寶的來歷。

宇文述坦言說：「這是晉王的賜賞。」又說：「自古以來，有賢德的人都是擇良主而事。如今，楊勇已失寵，你們兄弟受皇上恩寵多年，但仇人也不少，一旦皇上死去，你們還依靠誰呢？如果能說服皇上改立晉王爲太子，太子對你們兄弟感恩戴德不盡，我這也是爲你們著想啊！」

楊約把宇文述的話轉告給楊素，楊素知道隋文帝對楊勇不滿，但不知道獨孤皇后的態度。一天，楊素入宮參加宴會，向獨孤皇后進言說：「晉王孝順友愛，謙恭節儉，很像皇上。」

獨孤太后十分感動，連連責怨楊勇，還贈送了不少金銀給楊素，楊素於是下定決心扶立楊廣爲太子。此後，隋文帝派楊素去觀察楊勇對廢黜太子的反應，楊素故意激怒楊勇，隋文帝因此對楊勇愈感到不安，日夜派人監視楊勇。

楊廣又以重金收買楊勇宮中的官員姬威，讓姬威上疏告楊勇謀反。姬威權衡利害，咬咬牙，站到了楊廣一邊。

西元六〇〇年十月九日，隋文帝終於下定決心廢除了楊勇的太子封號，立晉王楊廣爲太子。三年之後，楊廣乘隋文帝病重之際，命令楊素和親信張衡害死了隋文帝，奪取了皇位，史稱隋煬帝。

蔡智堪智取「田中奏摺」

公佈了《田中奏摺》，使日本侵略中國的野心與計劃步驟暴露於光天化日之下。中外為之震驚，全世界各國紛紛譴責，日本當局狼狽不堪。

臭名昭著的《田中奏摺》，屬於日本最高國策，十分機密。裕仁天皇閱完後，由於國內決策階層意見不一致，因而未批給內閣執行，密藏於日本皇宮內皇室書庫中。日本皇宮有大門二十四道，偏門三十六道，每道門有多名警衛看守。警衛手執長刀，戒備森嚴。各門前設有長橋，俗稱「斷足橋」，凡潛渡者，警衛先斷其足，再處死刑。

《田中奏摺》密藏於宮內，敵人想要看到，比登天還難。

一九二八年六月一日，日本華僑鉅賈蔡智堪收到了從中國瀋陽寄來的一件郵包。拆開一看，是一盒月餅。他立即切開月餅，找到一張紙條，上頭用毛筆寫著：「英美方面傳說《田中奏摺》對中國頗有利害，宜速圖謀入手，用費不計多少。樹人蔡智堪能完成使命嗎？」

蔡智堪看完信，知是張學良政府外事秘書主任王家禎寫來的秘密指示。「樹人」是王家楨別號。

蔡智堪是位愛國華僑，早在清末就參加了孫文的同盟會，以財力物力支持孫文革命活動。他深知這份奏摺事關大局，深感責任重大，反覆思索謀取方法。

蔡智堪查明，一九二七年八月十六日，日本首相田中義一在佔領的中國大連召開內閣會議，研討侵華政策及有關重大問題，最後制定出《對華政策綱領》，形成了侵略中國東北計劃。會後，田中寫成奏摺上呈裕仁天皇。

蔡智堪是有名的日本通，對日本瞭若指掌，決定採取外交手段獲取這份奏摺，很快就找上民政黨床次竹二郎。民政黨與田中派的政友會有矛盾，反對《田中奏摺》的侵略計劃，認爲日本當時發動侵華戰爭，必引起國際輿論譴責，引起國內政局動溢。蔡智堪向床次竹二郎建議，設法公開《田中奏摺》，藉此推翻田中內閣，使民政黨重新上台。

床次聽了大喜，要蔡智堪設盛宴，用中國高級酒菜，宴請反對田中的元老派牧野等人。宴會上，床次與蔡智堪先後講話，指出《田中奏摺》可能引起的危害。一星期後，床次對蔡智堪說：「牧野說，中國政府如果敢將《田中奏摺》公佈於世，元老派可利用英美輿論阻止田中武力侵華。」並說：「只要中國政府承諾這一點，牧野即可以讓你去皇宮秘密抄寫奏摺。」

蔡智堪請求王家楨同意後，牧野令其妾弟山下勇（正擔任皇家書庫管理員）為蔡弄到一張「臨時通行牌」第七十二號。

一九二八年六月二十六日，深夜十一時五十分，蔡智堪手持金質「皇帝臨時通行牌」，扮成一名裱糊匠，由山下勇領路，引入皇宮內。進入書庫時，已是零時五十分了。

蔡智堪進入書庫後，庫員西尾寬取出《田中奏摺》（共六〇餘頁，長達三萬餘字），蔡智堪立即用攜帶的薄質碳酸紙鋪在原件上，用鉛筆描出。當夜未抄完，次日夜再進宮抄寫完畢。

蔡智堪得手後，將抄本藏在手提皮箱夾層內，親自送回瀋陽，交給王家楨。王家楨立即交給張學良過目，第二天送赴南京。

一九三一年，「九一八」事件前夕，日本侵華氣焰日益囂張之時，國民黨政府以白皮書形式向全世界公佈了《田中奏摺》，使日本侵略中國的野心與計劃步驟曝光。中外為之震驚，全世界各國紛紛譴責，日本當局狼狽不堪。

利用日本兩政黨之間的內部矛盾進行離間，假以虛有實無的政治手段，這是蔡智堪得手的高明之處。

黃浚內間禍國殃民

黃浚不顧民族大義，出賣自己國家軍事情報，是間諜之中最危險的內間，因此在對敵施以用間之術時，也要時刻嚴防內間的洩密。

一九三七年盧溝橋七七事變後，蔣介石在南京召開絕密的最高國防會議，簽署絕密令：立即封鎖江陰至漢口段長江水域，先行殲滅在上海的日本海軍陸戰隊，攔截和獵取泊於江陰以上長江各口岸的日軍軍艦和商船。

不料，一夜之間，日軍在上述水域的七十餘艘戰艦和三千多名官兵全部撤走。洩密！蔣介石氣急敗壞，知道有日本間諜潛伏在高級軍政長官身邊。

幾乎與此同時，蔣介石準備出席南京中央軍校的一次會議，日本特務企圖潛入會場，被警衛發現，倉皇逃走。又過了幾天，蔣介石準備乘英國大使冠爾的專車前往上海視察，因故未能成行，不料冠爾開車離開南京時，遭日本飛機轟炸掃射，身負重傷。

蔣介石暴跳如雷！

戴笠的特務系統日夜不停地行動，不久便發現汪精衛的主任秘書黃浚經常出入國民黨軍政要員光臨的湯山招待所，與一個叫廖雅權的女招待勾勾搭搭。再一查廖雅權，她的眞實姓名叫做南造雲子，是潛伏南京多年的日本間諜。

戴笠很快查清了黃浚與日本間諜傳遞情報的方法：黃浚每天到玄武湖公園散步，把情報放入公園內的一個樹洞內；如果是緊急、重大情報，則送到新街口一家外國人開的咖啡店中。

戴笠火速把黃浚及其兒子逮捕歸案，黃浚父子供認不諱，兩人被處以極刑。

黃浚出賣的情報造成的損失無可估量。

淞滬大戰前，日本竊得吳淞口要塞的炮位分佈圖，用大口徑火炮將中國幾十門遠程大炮一一摧毀，中國全體官兵無一生還。

不久，日方逃離的七十餘艘戰艦和三千多官兵捲土重來，重創中國的地面部隊，中方的旅團長級軍官傷亡達一半，官兵傷亡約有十萬餘人。

戴笠捕捉黃浚父子時，先行將南造雲子捉獲，但南造雲子竟用鉅金買通一名獄卒，逃出了戒備森嚴的南京老虎橋監獄。南造雲子狂妄至極，只潛藏了一年就又出現在上海。

某天，南造雲子驅車行駛到百樂門咖啡廳附近，剛停下車，推開車門，一連三顆子彈便射入她的身體。

黃浚不顧民族大義，出賣自己國家軍事情報，是間諜之中最危險的內間，因此在對敵施以用間之術時，也要時刻嚴防內間的洩密。

韓小玉易容刺殺磯谷兼川

突然，韓小玉的眼中閃過一道異樣的光芒。轟的一聲，暗藏在鮮花中的炸彈爆炸了。磯谷兼川當場被炸死，韓小玉也英勇犧牲。

韓小玉是朝鮮廣尙南道的一名美麗少女，一九三八年被日軍強行徵召送往中國做「慰安婦」，韓小玉以死抗爭，從飛馳的列車上跳下去，又從輪船上跳入波濤翻滾的大海。

韓小玉跳海後，陰差陽錯地被國民黨澳門情報部門救起。

爲了復仇，韓小玉接受了三年特殊訓練，以視死如歸的決心進行刺殺日軍駐香港總督磯谷兼川的任務。

韓小玉化名王茜茹進入香港，因爲天生麗質，兼有柔美的歌喉，很快成爲香港的「紅歌星」。但是，磯谷兼川警惕性甚高，極少與外界接觸，韓小玉無法接近。就在這時，發生了一件意外事件，一名熱血中國青年因韓小玉跟日本軍官打得火熱被激怒，在韓小玉登台演唱日本歌曲時砍傷她。

韓小玉被送入醫院，磯谷兼川到醫院看望她。

韓小玉柔情萬般地倒在磯谷兼川懷中，虛弱地喊著：「爸爸……」

磯谷兼川不由得心生憐愛，但他畢竟老奸巨猾，冷靜下來後立刻派特工人員對韓小玉進行了詳細調查。結論是：王茜茹，其父王炳之，撫順人，早年在日本關下做生意，與高山順子結婚，一九三八年被派往中國，後來被國民黨軍統局槍斃，其女下落不明。

日本特工還找到了高山順子——日本黑龍會高山大佐的女兒。高山順子看了韓小玉的照片證實說：「長相略有變化，但她肯定是我的女兒。」

磯谷兼川的最後一道防線撤除，上當了！這是國民黨軍統局的傑作，眞正的王茜茹已被關入監獄，韓小玉則是按照王茜茹的外貌進行了整容。

一九四二年十二月八日晚，日軍隆重舉行慶祝攻佔香港一週年酒會，韓小玉決定在酒會上與磯谷兼川同歸於盡。

演唱了兩首日本歌後，韓小玉在雷鳴般的掌聲中接過一位「日本人」的獻花，然後捧著鮮花走向磯谷兼川。磯谷兼川做夢也想不到「女兒」要炸死他，欣然站起來向韓小玉伸開了雙手。

突然，韓小玉的眼中閃過一道異樣的光芒。轟的一聲，暗藏在鮮花中的炸彈爆炸了。磯谷兼川當場被炸死，韓小玉也英勇犧牲。

喬裝改扮，令敵人信以爲眞，可以勝敵於出其不意之中。

亞德利破譯大盜密碼

間諜利用密碼傳送情報，手段極其隱蔽，往往很難識破，亞德利能破譯日本間諜的密碼，不愧是「世界破譯巨星」。

中國對日抗戰期間，蔣介石聘請有「美國密碼之父」、「世界破譯巨星」之稱的破譯專家赫伯特．亞德利到重慶主持密碼破譯工作。

亞德利連續破譯了日本間諜的密碼，但對於駐紮在重慶郊區川軍師部發出的密碼卻束手無策。軍統局特務頭子戴笠明查暗訪，搞清楚了密電是由一名川軍高射炮部隊軍官發出的。該軍官原本是土匪，有「獨臂大盜」之稱，而且精通英文。戴笠想要逮捕大盜，但又苦無證據。

亞德利通讀了截獲的密碼後，推測大盜使用的是一種「無限不重複式」密碼，密碼本是一本常見的英文長篇小說，小說的前一百頁中的連續三頁，每頁第一個詞分別是Her、Light、grain或groin。

簡直是天方夜譚！戴笠對亞德利的推斷不以爲然。

亞德利想要證實自己的假設，只有一個辦法：找到那本英文小說。亞德利繼續推論：大盜很可能把那本英文小說放在書櫥中，與其他英文書籍放在一起，只要潛入書房，找到那本書就可以破譯密碼。

如何進入書房呢？猛然，亞德利想起了自己新結識的一位女性友人徐貞，正是那位大盜的朋友。跟徐貞談了自己的想法後，徐貞爲了民族大義一口應允。

在徐貞周旋下，大盜邀請徐貞和她的美國朋友亞德利去家中作客。大盜不知道亞德利的眞實身份，當他將自己漂亮的白人情婦多蘿茜介紹給亞德利時，亞德利故作被多蘿茜的美貌震攝，驚慕不已。大盜則認爲亞德利只是個無名鼠輩，遂對他不再介意。

湊巧的是，豐盛的宴席剛剛擺好，發生了空襲，大盜因公務在身，不得不返回部隊去，把兩位客人扔給了多蘿茜。

亞德利巧妙地與多蘿茜糾纏在一起，徐貞則利用這個千載難逢的機會溜入書房，在美國著名女作家賽珍珠的長篇小說《大地》的第十七、十八、十九頁上發現了各頁的第一個詞正是那三個詞。

亞德利回到寓所，立即找來一本《大地》，大盜的密碼全被破譯。原來大盜是日本間諜，還是汪精衛偽政權派駐重慶的高級代理人！

據此，蔣介石挖出了一個超級諜網，其中有德國軍事顧問赫爾·韋納。赫爾·韋納讓大盜將中國高射炮的最高射程發給日本人，日本空軍因此在重慶上空肆意飛行，狂轟濫炸。

間諜利用密碼傳送情報，手段極其隱蔽，往往很難識破，亞德利能破譯日本間諜的密碼，不愧是「世界破譯巨星」。

第一個破譯密碼的人

萊桑德破譯古代雅典人的「天書」，率大軍渡過大海，向波斯帝國發動襲擊。波斯猝不及防，一敗塗地。萊桑德回師後，借助餘威，又打敗了雅典。

西元前六至四世紀，雅典和斯巴達之間爆發了一場曠日持久的戰爭。斯巴達統帥萊桑德得到波斯帝國允諾支持後，望眼欲穿地等候波斯的援兵，但時間一天天過去，波斯的援兵杳無音信。

於是，萊桑德派了一名間諜和一位使節去探察波斯在搞什麼鬼，但間諜和使節一去不歸，令他坐臥不安。

就在這時候，斯巴達抓獲了一名行跡可疑的行路人，並把他帶到萊桑德面前。

萊桑德見這人披一件破爛的羊皮襖，繫一條羊皮腰帶，儼然一個逃亡奴隸，又是啞巴，甚感失望，便扯下啞巴的羊皮腰帶狠狠地抽去。

突然，萊桑德發現羊皮腰帶的背面，亂糟糟地寫滿了希臘字母，瞬間冷靜下來，「難道這腰帶上有什麼秘密？」

他親自在啞巴身上摸了個遍，但一無所獲；又下令把啞巴的頭髮剃光，頭皮上現出兩行烙著的希臘文，足以證明啞巴是雅典人的間諜。從行走路線判斷，他準備前往波斯帝國。

萊桑德笑了，「總算找到些蛛絲馬跡。」

萊桑德決心從羊皮腰帶上查個水落石出，但無論怎麼看羊皮腰帶，就是看不出個頭緒。萊桑德看得兩眼發麻，無意識地把羊皮帶捲了起來。

「嗯？這是怎麼回事？」萊桑德發現羊皮腰帶上的字母並非雜亂無章，似乎是有一定的規律。

萊桑德命令士兵拿來一根根圓筒形木棒，嘗試著把羊皮腰帶一圈、一圈地纏繞在木棒上，最終找到了一根最合適的木棒，羊皮腰帶上的字母立即組成一個個單詞，形成了一段意思完整的重要情報。

情報的大意是：雅典已知道波斯殺掉了萊桑德派出的間諜和使節，準備與萊桑德決一死戰；波斯將在決戰時候，襲擊萊桑德，置斯巴達於死地。

萊桑德怒不可遏，立即重新調整部署，率大軍渡過大海，向波斯帝國發動襲擊。波斯猝不及防，一敗塗地。萊桑德回師後，借助餘威，又打敗了雅典。

萊桑德破譯古代雅典人的「天書」純屬偶然，但由此而獲得的勝利具有重大意義，也因此名垂青史。

英國人將計就計，故布疑陣

英國情報單位將計就計，加上其他迷惑手段輔助，確實發揮了很好的效果，最終使德國取消了入侵英國的計劃。

一九四〇年的某個時候，英國秘密情報處從駐國外情報員那裡獲得一份情報：德國和西班牙的長槍黨分子串通一氣，策劃把一名「西班牙青年運動」的代表派往英國，表面上是去考察英國的童子軍活動，實際上是去刺探有關英國國防和防禦德國入侵的情報。

果然，一九四〇年十月，佛朗哥政府請求英國准許該長槍黨分子進行訪問。

英國秘密情報處經過周密考慮，決定將計就計，說服外交部批准這項請求，隨後與軍情五處合作，共同擬定接待這位來客的計劃。

這個長槍黨分子受到隆重的接待，被安排在雅典娜宮廷旅館下榻，在他的住房裡早已設置了暗藏的話筒和電話竊聽線路。

那時，整個倫敦地區只有三個防空炮群，有關當局將其中一個調到這家旅館附近的海德公園內，而且下令只要遇到空襲，不管敵機是否飛臨該地上空，都要不停地開炮射擊。

軍情五處還讓這個間諜親眼目睹了這個防空炮群，使他相信，倫敦到處都像海德公園一樣高炮林立。

隨後，他又被帶往溫莎宮，就在宮外，當時英倫諸島上僅剩的一個裝備齊全的坦克團突然出現在他的面前。當他對如此壯觀的陣勢感到詫異時，有人告訴他這只不過是一個皇家儀仗衛隊而已。

另一次，他乘飛機前往蘇格蘭時，在空中不時看到一中隊又一中隊的「噴火」式戰鬥機接踵飛過。當然，這也是秘密情報處精心安排的，實際上，一共只有一個中隊戰鬥機，奉命一次又一次出現在那架客機的視野內，讓長槍黨份子以為英國從南到北都有戰鬥機在領空中不停地巡邏。

當他被帶到一個海港參觀時，秘密情報處又設法使那個港口內泊滿大大小小、形形色色的軍艦。

爲了製造武裝、防禦力量堅不可摧的形象，英國人眞可謂煞費苦心。後來，英國當局獲悉這個間諜給柏林的報告中，發出了不要進行任何入侵嘗試的警告。間諜宣稱所謂英國缺乏防備的說法，純粹是英國情報機構設下的圈套，目的是誘使德國發動一場足以導致毀滅性災難的進攻。

英國情報單位將計就計，加上其他迷惑手段輔助，確實發揮了很好的效果，最終使德國取消了入侵英國的計劃。

談判專家巧收漁翁之利

這位談判專家的方法值得參考，競爭者都想盡自己最大的努力來爭取這項工程，只要適時造成鷸蚌相爭的局面，真正得利的便會是自己！

美國有位談判專家想在家中建個游泳池，建築設計的要求非常簡單：長三十英尺，寬十五英尺，有溫水過濾設備，並且在六月一日前做好。談判家對游泳池的造價及建築品質方面是個外行，但這難不倒他。在極短的時間內，他不僅使自己從外行變成了內行，而且還找到了品質好、價錢便宜的建造者。

談判專家先登了個想要建造游泳池的廣告，具體寫明建造要求，不久有A、B、C三位承包商前來投標。

他們都出了承包的標單，裡面有各項工程的費用及總費用。談判專家仔細地看了這三張標單，發現所提供的溫水設備、過濾網、抽水設備、設計和付錢條件都不一樣，總費用也有差距。

接下來的事情是約這三位承包商來他家裡商談，第一個約好早上九點鐘，第二個約定九點十五分，第三個則約在九點三十分。

第二天，三位承包商如約而來，但都沒有得到主人接見，只得坐在客廳裡彼此交談著等候。

十點鐘的時候，主人出來請第一個承包商A先生進到書房去商談。A先生一進門就宣稱他的游泳池一向是造得最好的，好的游泳池的設計標準和建造要求他都符合，順便還告訴主人B先生通常使用陳舊的過濾網，而C先生曾經丟下許多未完的工程，現在正處於破產的邊緣。

接著，換B先生，從他那裡又瞭解到其他人所提供的水管都是塑膠管，他所提供的才是眞正的銅管。至於C先生，則告訴主人，其他人所使用的過濾網都品質低劣，而且往往不能徹底做完，拿到錢之後就不管了，而他絕對做到品質保證。

談判專家通過靜靜傾聽和旁敲側擊提問，基本上弄清楚了游泳池的建築設計要求及三位承包商的基本情況，發現C先生的價格最低，而B先生的建築設計品質最好。最後，他選中了B先生來建造游泳池，只給C先生提供的價錢。經過一番討價還價之後，談判終於達成一致。

這位談判專家的方法值得參考，競爭者都想盡自己最大的努力來爭取這項工程，只要適時造成鷸蚌相爭的局面，眞正得利的便會是自己！

Thick Black Theory is a philosophical treatise written by Li Zongwu, a disgruntled politician and scholar born at the end of Qing dynasty. It was published in China in 1911, the year of the Xinhai revolution, when the Qing dynasty was overthrown.

The Art of War

The Art of War

Thick Black Theory is a philosophical treatise written by Li Zongwu, a disgruntled politician and scholar born at the end of Qing dynasty. It was published in China in 1911, the year of the Xinhai revolution, when the Qing dynasty was overthrown.

孫子兵法

活用兵法智慧，才能為自己創造更多機會

完全使用手冊

侵掠如火

《孫子兵法》強調：

「古之所謂善戰者，勝於易勝者也；
故善戰者之勝也，無智名，無勇功。」

確實如此，善於作戰的人，總是能夠運用計謀，
抓住敵人的弱點發動攻勢，用不著大費周章就可輕而易舉取勝。
活在競爭激烈的現實社會，唯有靈活運用智慧，
才能為自己創造更多機會，想在各種戰場上克敵制勝，
《孫子兵法》絕對是你必須熟讀的人生智慧寶典。

聰明人必須根據不同的情勢，採取相應的對戰謀略，
不管伸縮、進退，都應該進行客觀的評估，如此才能獲得勝利。
千萬不要錯估形勢，讓自己一敗塗地。

Thick Black Theory is a philosophical treatise written by Li Zongwu, a disgruntled politician and scholar born at the end of Qing dynasty. It was published in China in 1911, the year of the Xinhai revolution, when the Qing dynasty was overthrown.

左逢源 編著

普 天 之 下 • 盡 是 好 書

普天 出版家族
Popular Press Family
http://www.popu.com.tw/

孫子兵法完全使用手冊：不動如山

作　　者　左逢源
社　　長　陳維都
藝術總監　黃聖文
編輯總監　王　凌
出 版 者　普天出版社
新北市汐止區康寧街 169 巷 25 號 6 樓
TEL / (02) 26921935 (代表號)
FAX / (02) 26959332
E-mail：popular.press@msa.hinet.net
http://www.popu.com.tw/
郵政劃撥 19091443 陳維都帳戶
總 經 銷　旭昇圖書有限公司
新北市中和區中山路二段 352 號 2F
TEL / (02) 22451480 (代表號)
FAX / (02) 22451479
E-mail：s1686688@ms31.hinet.net
法律顧問　西華律師事務所・黃憲男律師
電腦排版　巨新電腦排版有限公司
印製裝訂　久裕印刷事業有限公司
出 版 日　2019 (民 108) 年 11 月第 1 版
ISBN◉978-986-389-687-6　　條碼 9789863896876

國家圖書館出版品預行編目資料

孫子兵法完全使用手冊：不動如山／
左逢源著.—第 1 版.—：新北市,普天
民 108.11 面；公分. -（智謀經典；14）
ISBN◉978-986-389-687-6（平裝）

權謀經典
14

普天之下・盡是好書

普天出版家族
Popular Press Family

凌雲文創
A-Plus Creative Company